21 世纪高等学校系列教材

JIXIE ZHITU XITIJI

机械制图习题集

主　编　蔡俊霞

编　写　樊忠和　王雅先　刘文霞　马爱兵　李　茗

主　审　郭克希

U0662215

中国电力出版社
CHINA ELECTRIC POWER PRESS

内 容 提 要

本书为蔡俊霞主编的《机械制图》的配套习题集。

本书注重应用与创新的训练，为加强手工绘图和计算机绘图综合技能训练，在编排传统机械制图系列习题的同时，还增加了计算机设计绘图的练习与实践。考虑到机械类与近机类各专业类型与学时数的不同，在满足教学基本要求的前提下，习题的数量有一定余量，可供使用习题集的师生根据教学实际情况选用。

本书可作为高职高专院校机械类、近机类各专业机械制图课程的配套习题集，也可供有关专业工程技术人员参考。

图书在版编目（CIP）数据

机械制图习题集/蔡俊霞主编. —北京：中国电力出版社，2010.7（2021.8 重印）

21 世纪高等学校规划教材

ISBN 978 - 7 - 5123 - 0403 - 1

Ⅰ. ①机… Ⅱ. ①蔡… Ⅲ. ①机械制图-高等学校-习题 Ⅳ. ①TH126 - 44

中国版本图书馆 CIP 数据核字(2010)第 097729 号

21 世纪高等学校规划教材　机械制图习题集

中国电力出版社出版、发行　　　　　　　　三河市航远印刷有限公司印刷　　　　　　各地新华书店经售

（北京市东城区北京站西街 19 号　100005　http：//www.cepp.sgcc.com.cn）

2010 年 7 月第一版　　　　　　　　　　　2021 年 8 月北京第五次印刷

787 毫米×1092 毫米　横 16 开本　7.5 印张　183 千字　　　　　　　　　　　　　　　定价 **25.00** 元

前　言

　　本书是根据高职高专院校教育的特点，以能力培养为基础，重在应用与创新，在总结各院校多年来机械制图课程和计算机绘图教学改革经验和成果的基础上编写的。其指导思想是以提高学生空间思维能力为核心，以学生的工程设计表达能力和分析应用能力为目标，以培养仪器绘图、徒手绘制草图和计算机绘图能力为基础，强化读图能力。

　　习题集中画法几何部分的选题原则是以机械制图学习所"必需、够用"为度，机械制图部分的选题原则是着重提高学生的分析应用能力和创新能力。

　　本书具有以下特点：

　　（1）保留了传统经典的机械制图练习题，增强了徒手绘图内容的训练；编排上由浅入深，由易到难循序渐进，符合教学规律；其目的是增强学生设计表达和分析应用的能力。

　　（2）遵循从三维立体到二维图形的认识规律，安排了计算机绘制轴测图和三维绘图的练习。通过计算机绘制轴测图和三维立体图，增强学生对工程上常见几何立体的感性认识，使学生更好地掌握三维立体和二维投影的规律。

　　（3）习题中安排了一定数量的构形练习，由浅入深的读图训练，提高学生空间思维能力。

　　（4）为了培养学生计算机绘图能力，习题集的有关单元安排了计算机绘图练习，从计算机基础知识到零件图、装配图的画法，逐步引导学生熟练掌握计算机绘图的能力。

　　本书由包头职业技术学院编写，由蔡俊霞任主编。具体分工如下：刘文霞（第 1、2 章），蔡俊霞（第 3、4 章），王雅先（第 5、8 章），李茗（第 6、7 章），马爱兵（第 9 章），樊忠和（第 10 章）。

　　本书由长沙理工大学郭克希教授主审，她提出了很多宝贵的意见和建议，在此表示衷心的感谢。

　　由于编者水平所限，书中难免有不妥或错漏之处，恳请广大读者批评指正。

编　者

2010 年 4 月

目　录

第1章 制图基本知识

制图基本知识	班级：	姓名：	学号：	审核：

1-1 中文字体练习。

箱 体 座 齿 轮 蜗 杆 螺 母 钉 键 销 滚 动 轴 承 支 架 弹 簧 油 泵 球 阀 钢

锥 斜 度 技 术 要 求 拉 钩 工 作 原 理 序 号 名 称 材 料 件 数 备 注 代 号

东 北 工 学 院 机 械 系 材 料 自 控 无 线 电 计 算 机 钢 冶 管 理 工 程 热 能 应 用 采 矿 矿 建 选 矿 机 制

1-2　数字练习。

1234567890Rφ

1-3　字母练习。

ABCDEFGHIJKLMNOPQRSTUVWXYZ

abcdefghijklmnopqrstuvwxyz

1-4 线型练习。

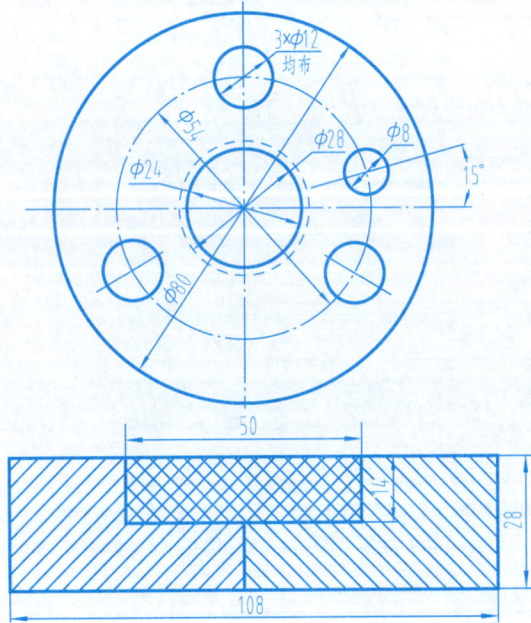

1-5 尺寸标注。

1. 对比下列两图，以防止初学者标注尺寸时常犯的错误。

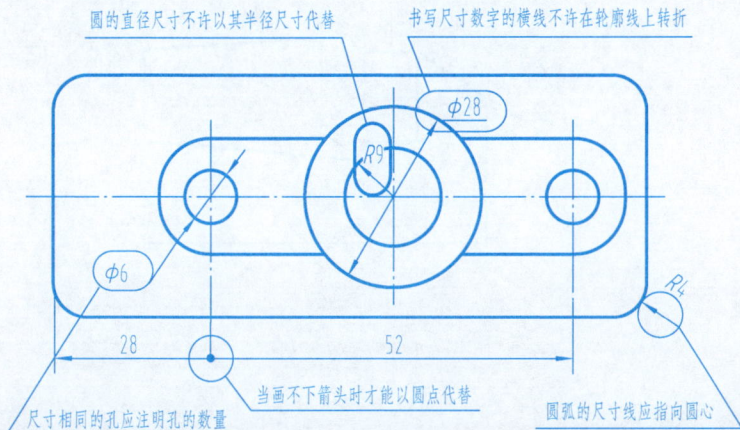

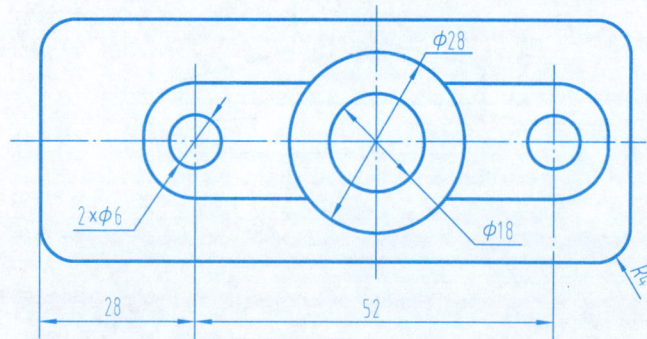

圆的直径尺寸不许以其半径尺寸代替

书写尺寸数字的横线不许在轮廓线上转折

$\phi 28$

$R9$

$\phi 6$

28

52

$R4$

尺寸相同的孔应注明孔的数量

当画不下箭头时才能以圆点代替

圆弧的尺寸线应指向圆心

$\phi 28$

$2 \times \phi 6$

$\phi 18$

28

52

$R4$

2. 在下图中填写未注的尺寸数字并补画遗漏的尺寸箭头，其数字的大小和箭头的大小，以图中注出的数字和箭头为准，尺寸数字按 1：1 的比例从图中量取，取整数。

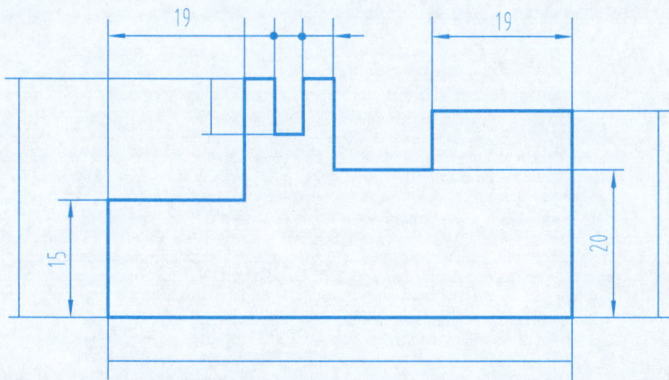

19

19

15

20

15

16

15

制图基本知识	班级：	姓名：	学号：	审核：

1-6 斜度、锥度练习（按给定尺寸用 1：1 的比例将两图抄画在下边）。

1.

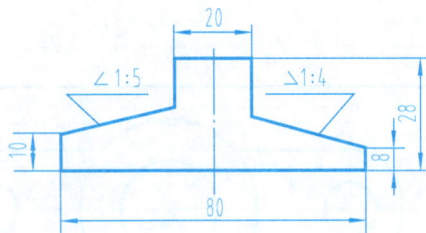

2.

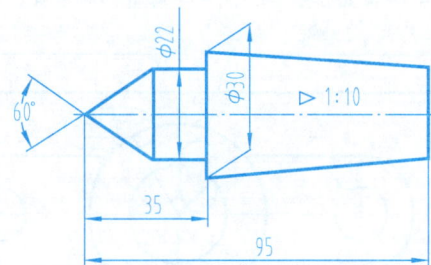

制图基本知识	班级：	姓名：	学号：	审核：

1-7 几何作图。

1. 画出圆内六边形。

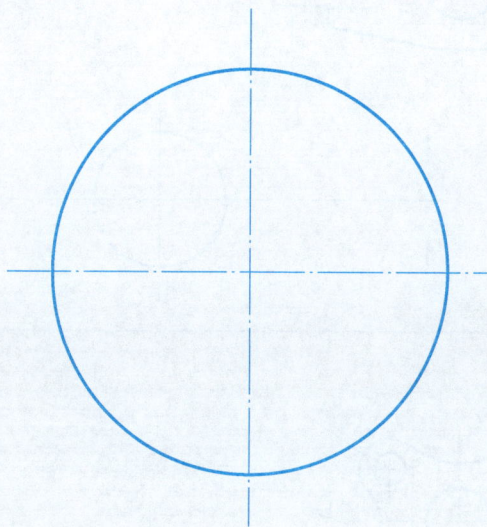

2. 用同心圆法绘制椭圆，它的长轴为90，短轴为52。

制图基本知识	班级：	姓名：	学号：	审核：

1-8　圆弧连接练习（按所给的尺寸完成各个图形）。

1.

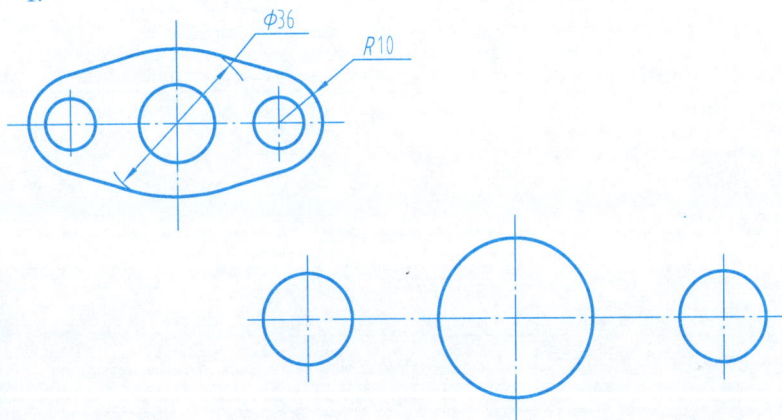

2.

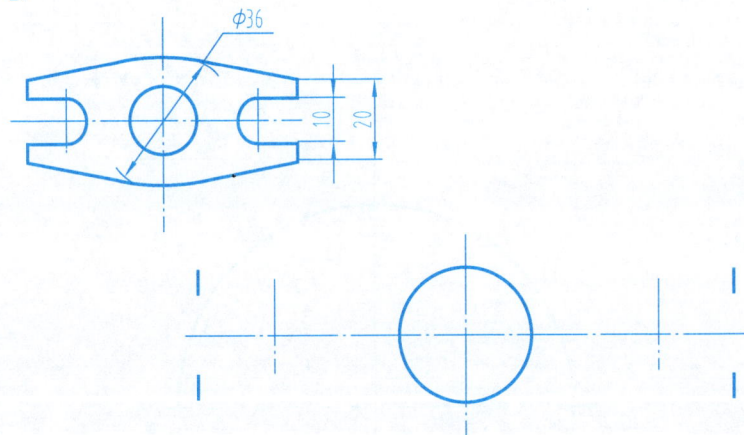

3.

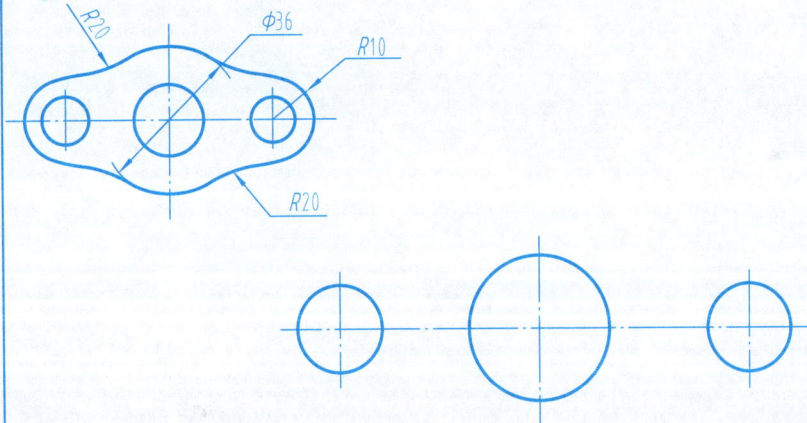

4.

制图基本知识	班级：	姓名：	学号：	审核：

1-9 徒手绘图（将左图徒手画在右边方格纸上）。

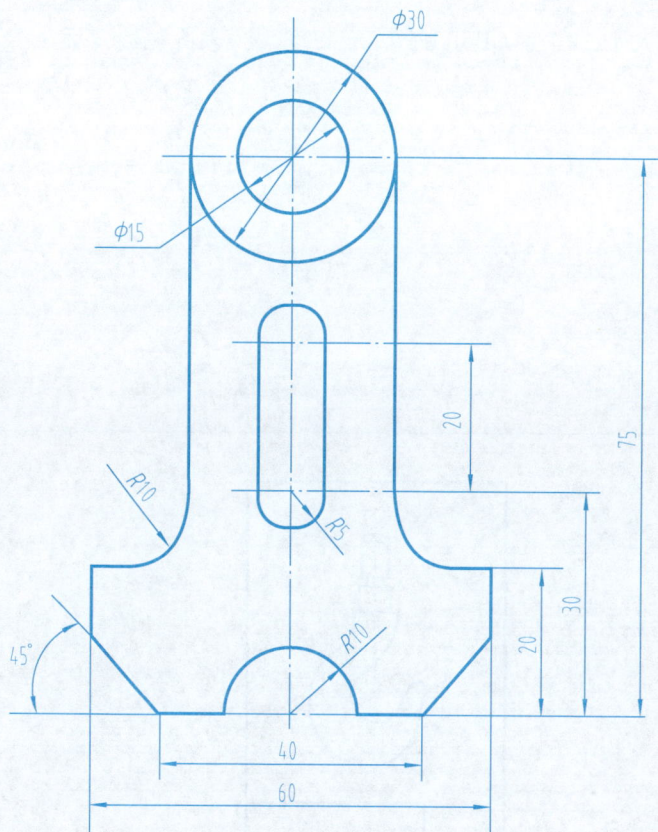

制图基本知识	班级:	姓名:	学号:	审核:

1-10 平面图形大作业（一）。

作图要求

一、作业目的

掌握圆弧连接的作图方法，学习平面图像的尺寸分析，熟悉 GB/T 4458—2003《机械制图尺寸注法》和 GB/T 16675.2—1996《技术制图　简化表示法　第2部分：尺寸注法》中尺寸注法的有关规定。

二、内容与要求

按给定尺寸，用 1∶1 的比例在 A4 幅面上绘制图1和图2所示的图形，并标注尺寸。

三、注意事项

1. 用 A4 幅面图纸一张，横版（图1）和竖版（图2），画图框和标题栏。

2. 作图方法和步骤见教材。

3. 填写标题栏。

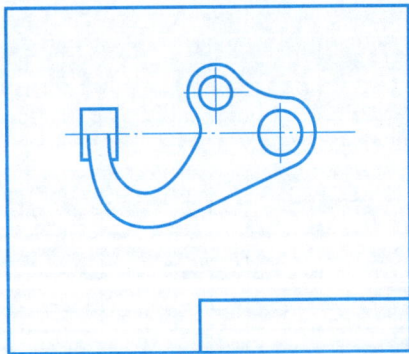

图1

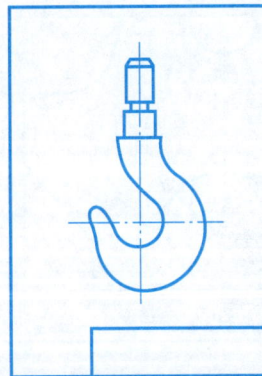

图2

1-10　平面图形大作业（二）。

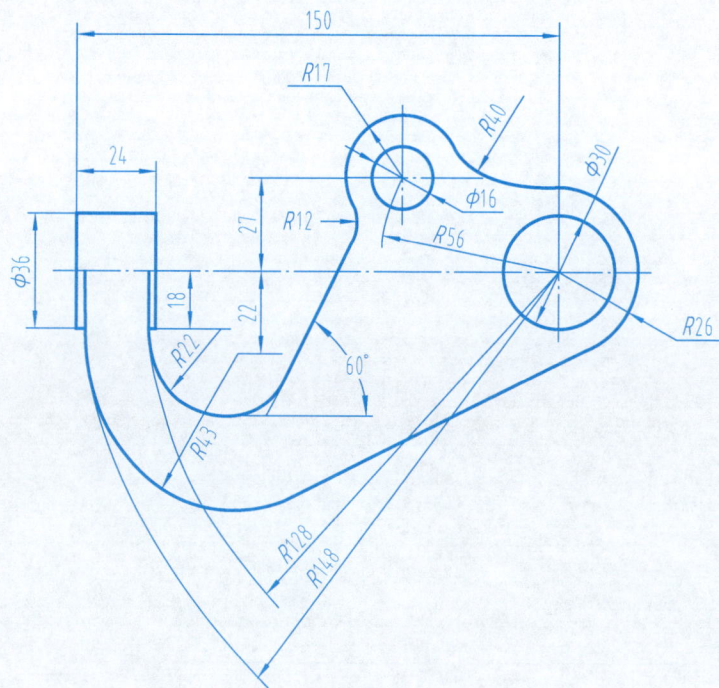

图 1

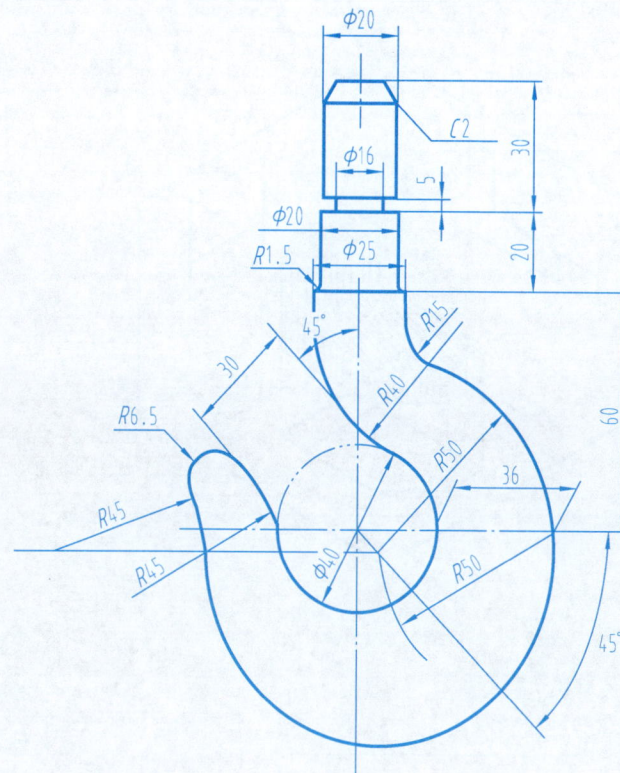

图 2

第2章 投 影 基 础

投影基础	班级：	姓名：	学号：	审核：

2-1　根据轴测图及其在三投影面体系中所处的位置，画出它的三视图，并回答问题。

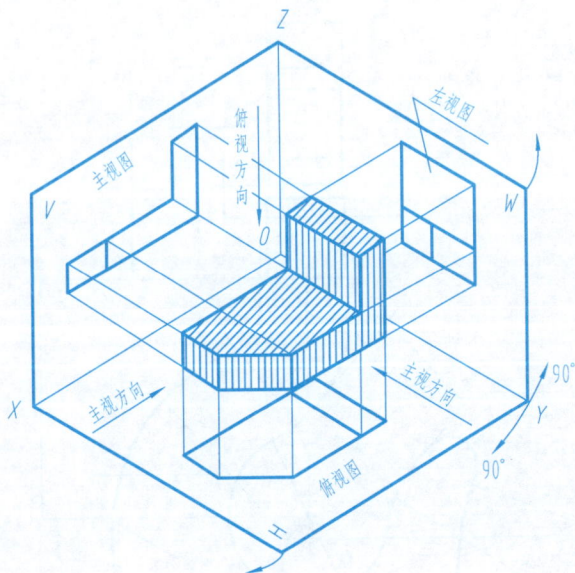

视图所反应物体的方位关系

写出视图间的三等关系

主视图反映物体的_____和_____；

主、俯视图_____

左视图反映物体的_____和_____；

主、左视图_____

俯视图反映物体的_____和_____；

俯、左视图_____

俯、左视图远离主视图的一边，表示物体的_____面；

靠近主视图的一边，表示物体的_____面。

2-2 完成三视图。

1.

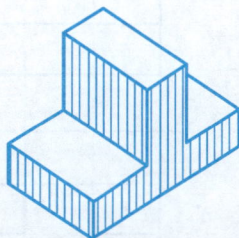

2.

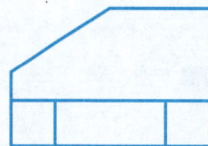

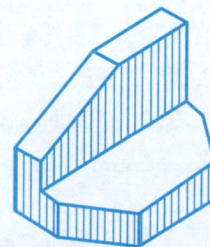

3.

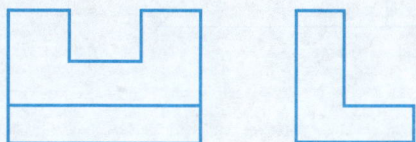

4.

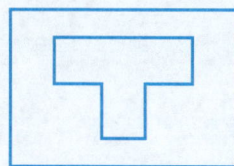

投影基础	班级：	姓名：	学号：	审核：

2-3 根据轴测图画三视图（一）。

作业指导

一、作业目的

1. 初步掌握根据轴测图或模型绘制三视图的方法。

2. 掌握三视图之间的对应关系。

3. 进一步掌握绘图仪器和绘图工具的使用方法。

二、内容与要求

1. 根据轴测图或模型绘制三视图。

2. 用 A3 图纸，横放，每张图纸画 6 个模型的三视图。

3. 画出投影轴和全部的投影连线。

4. 绘图比例自定。

三、注意事项

1. 布图时，三个视图之间的距离应适当，6 组三视图的总体布局也应协调、匀称。三视图应按规定的位置配置，且符合"长对正、高平齐、宽相等"的关系。

2. 主视图的选择。应能明显表现模型的形状特征。一般常以模型的最大尺寸作为长度方向尺寸。在决定主视图的投射方向时，还应考虑到各个视图中的虚线越少越好。

3. 作图时，首先画出投影轴，其次画出外形轮廓线，再按顺序画内部轮廓线，完成底稿。

4. 底稿完成后，经检查、修正，再按线型的规格描深。

5. 度量模型尺寸所得的小数，画图时要化为整数。

6. 应注意虚线与其他图线相交处的画法。

例：

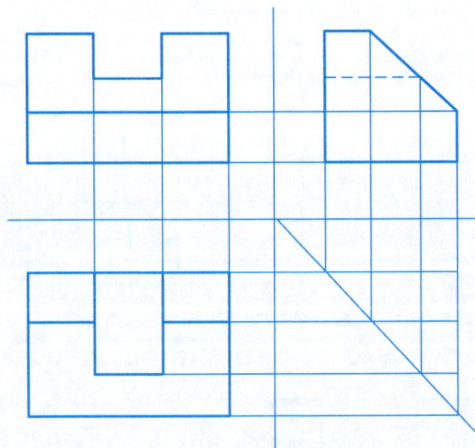

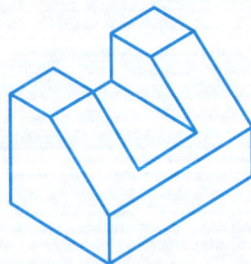

2-3 根据轴测图画三视图（二）。

1.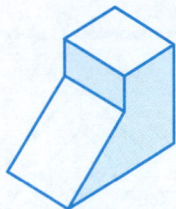

2.

3.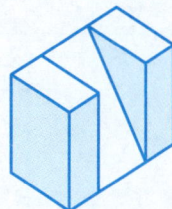

4.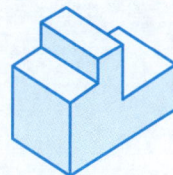

5.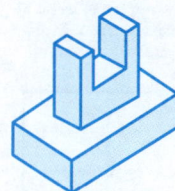

6.

7.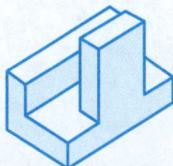

8.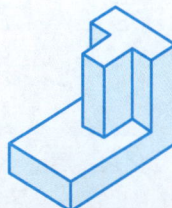

9.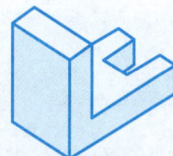

10.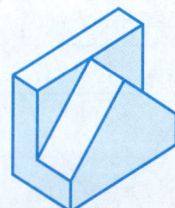

11.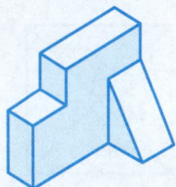

12.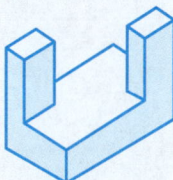

13.

14.

15.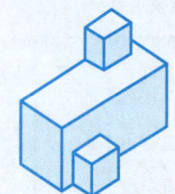

16.

17.

18.

19.

20.

第3章 基本立体视图

平面上取点、取线	班级：	姓名：	学号：	审核：

3-1 画出立体的第三视图，并求作立体表面上各点、直线的其余两面投影。

1.

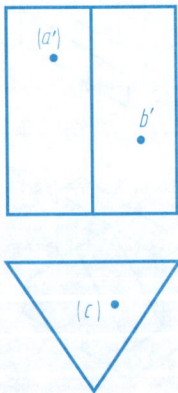

2.

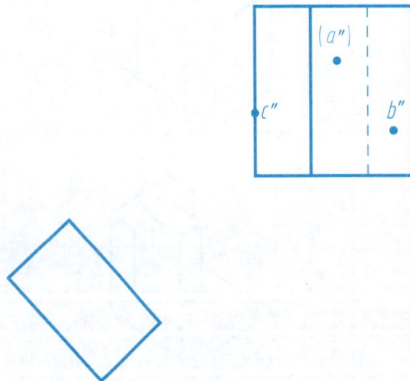

3.

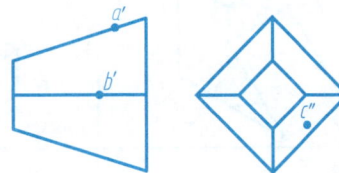

4.

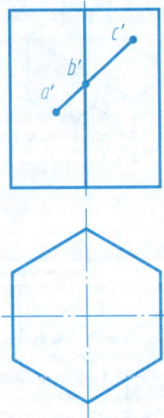

5.

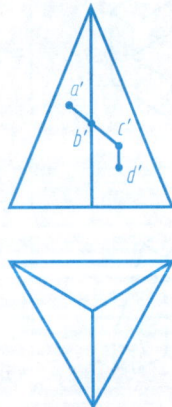

6.

回转体上取点	班级：	姓名：	学号：	审核：

3-2 补画立体的第三视图，并求立体表面点的另两面投影。

1.

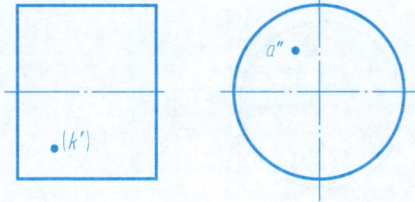

2.

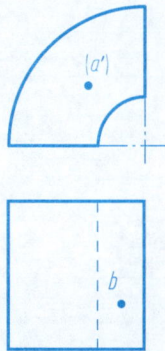

3.

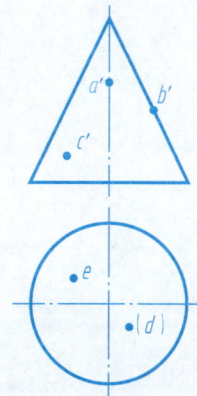

4.

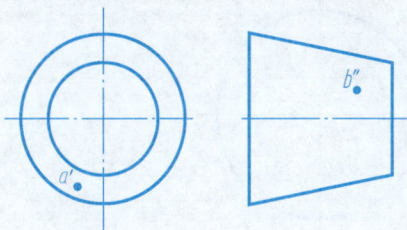

5.

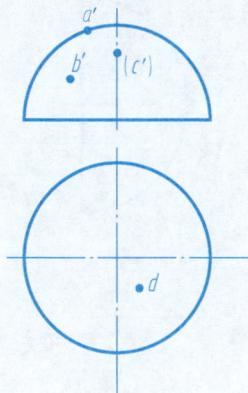

6.

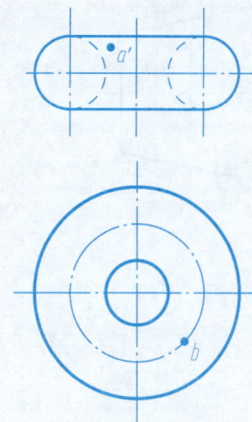

回转体	班级：	姓名：	学号：	审核：

3-3 补画第三视图，并求立体表面上线的另两面投影。

1.
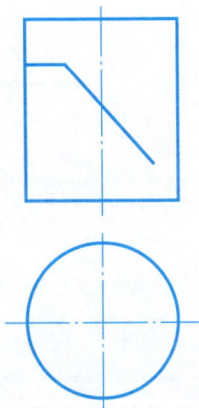

2.
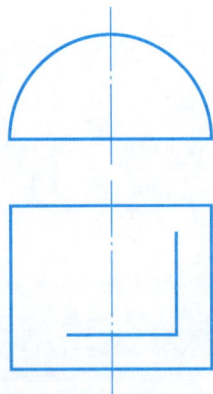

3.
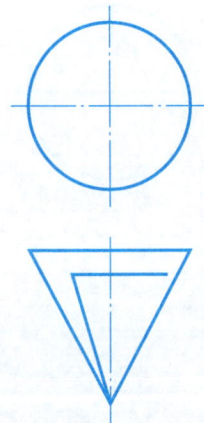

4.
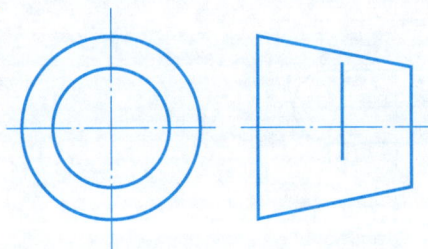

5.
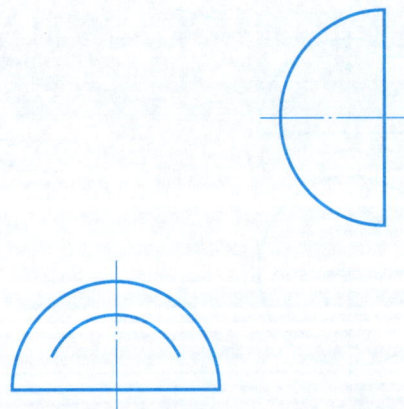

6.
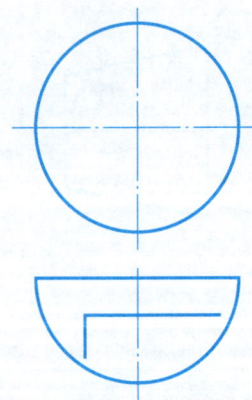

| 平面与平面立体的交线 | 班级： | 姓名： | 学号： | 审核： |

3-4 补全平面与平面立体的交线，完成三视图。

1.

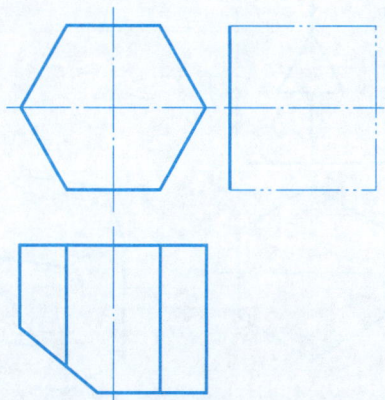

2.

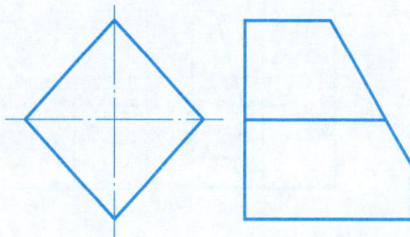

3.

4.

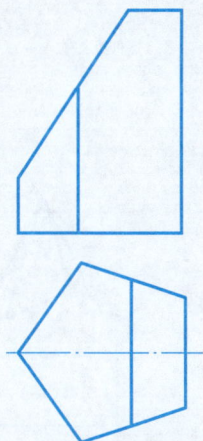

5.

6.

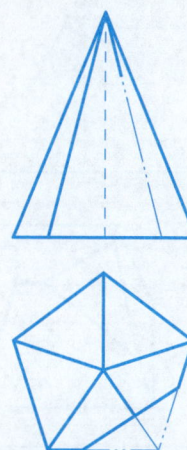

| 平面与平面立体的交线 | 班级： | 姓名： | 学号： | 审核： |

3-5 补全俯视图，并补画左视图。

1.
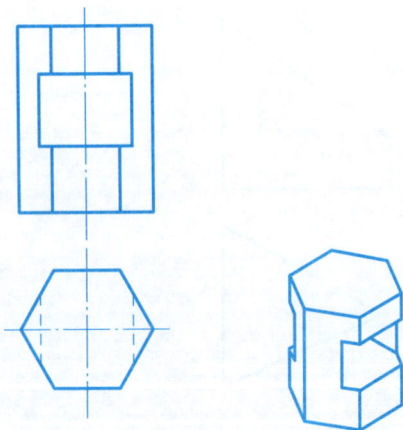

2.
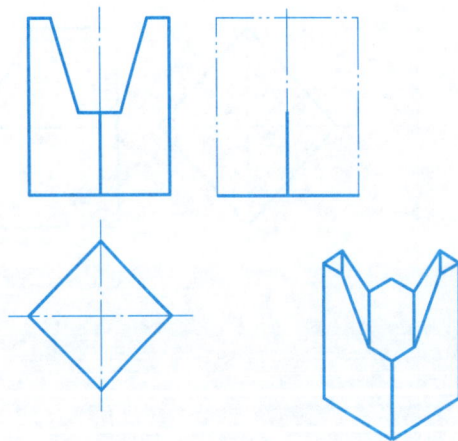

3.
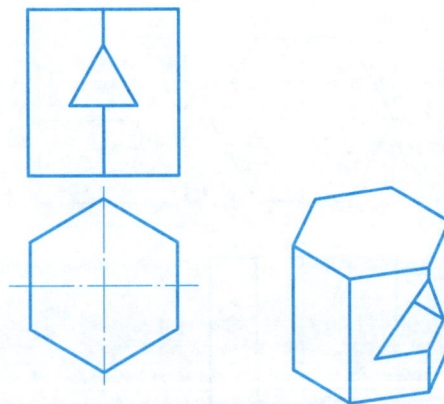

4.
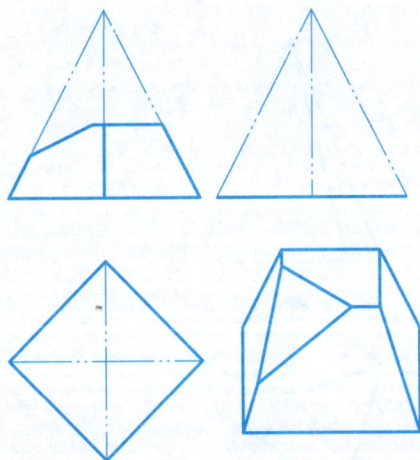

5.
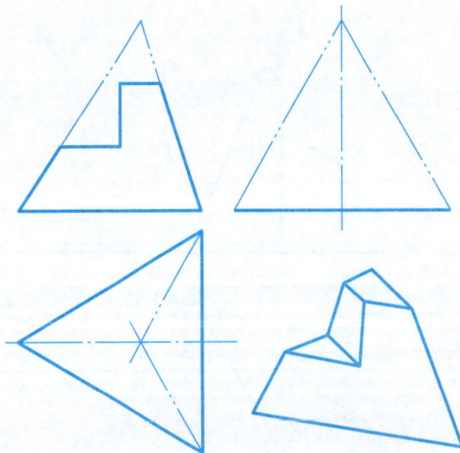

6.
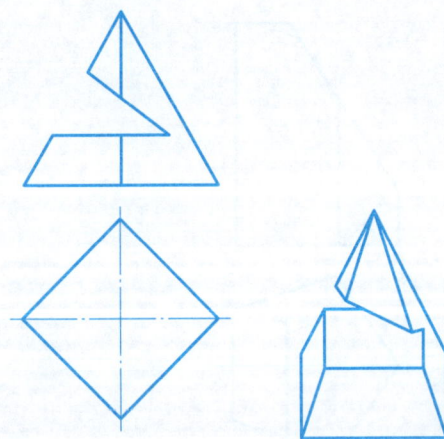

平面与平面立体的交线	班级：	姓名：	学号：	审核：

3-6 补画第三视图。

1.

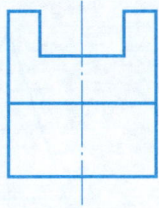

2.

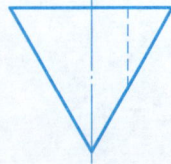

3.

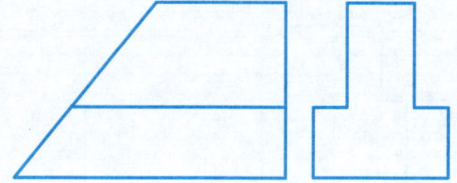

4.

5.

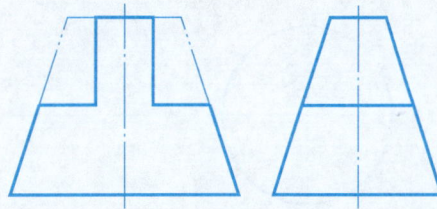

6.

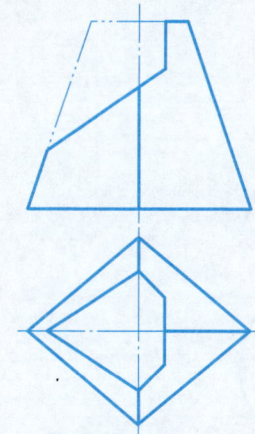

3-7 补全视图所缺的线，补画第三视图（一）。

1.

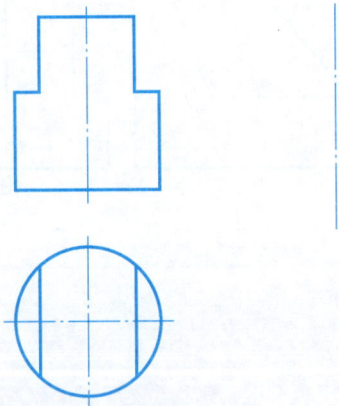

2.

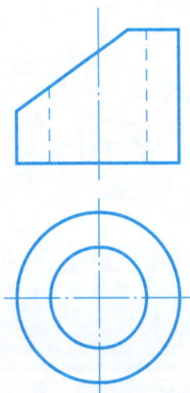

3.

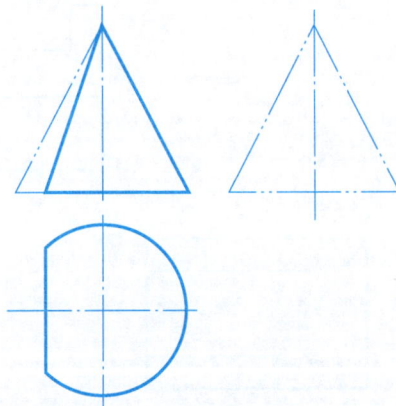

4.

5.

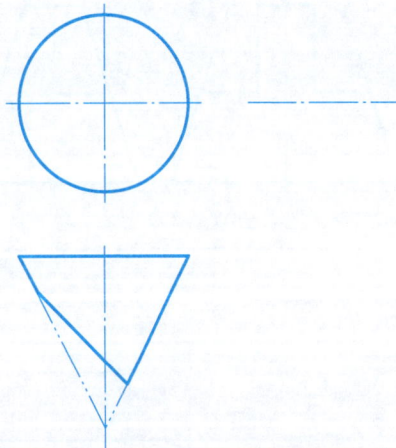

6.

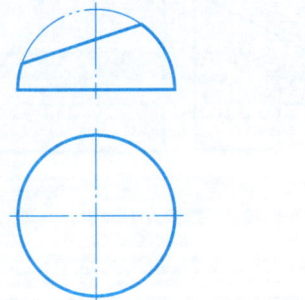

平面与回转体的交线	班级：	姓名：	学号：	审核：

3-7 补全视图所缺的线，补画第三视图（二）。

7.

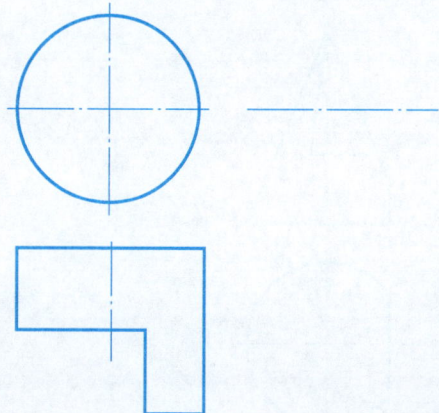

8.

9.

10.

11.

12.

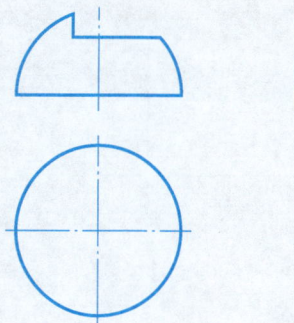

23

3-7　补全视图所缺的线，补画第三视图（三）。

13.

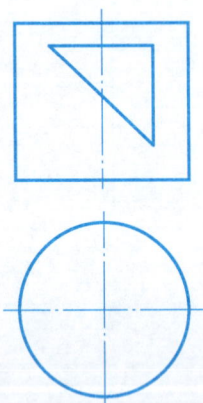

14.

15.

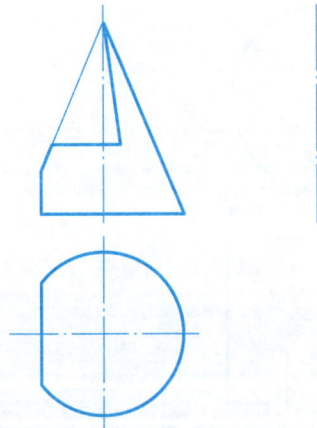

16.

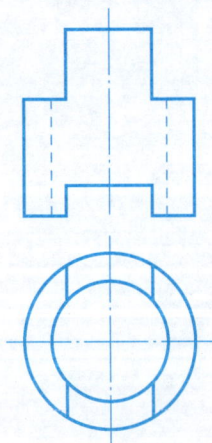

17.

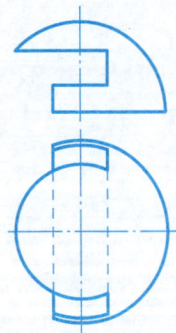

18.

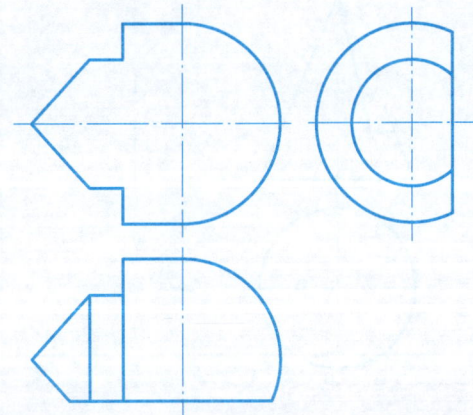

3-8　利用积聚性求相贯线。

1.

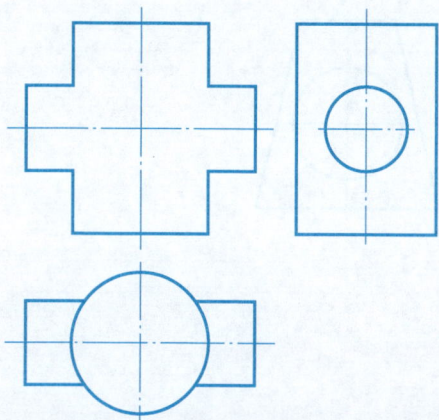

2.

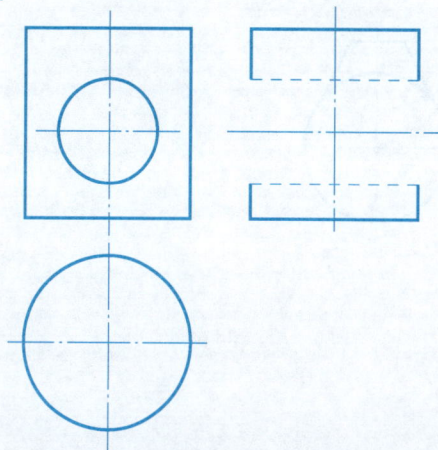

3.

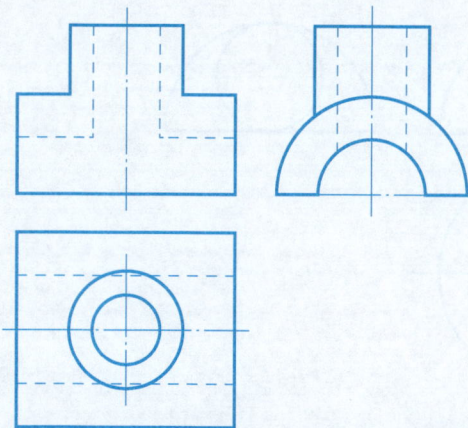

4.

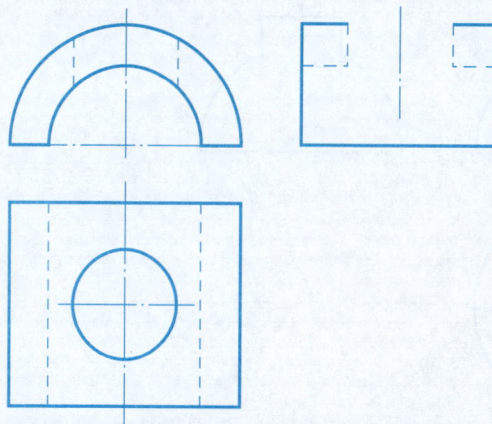

相贯线	班级：	姓名：	学号：	审核：

3-9 利用辅助平面求相贯线。

1.

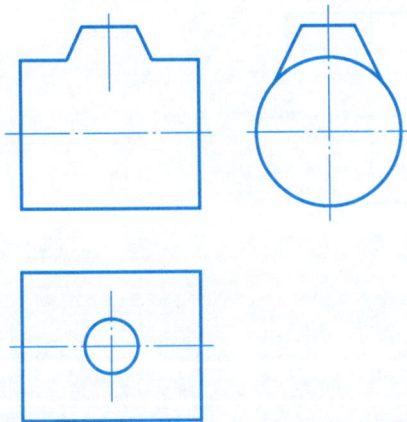

2.

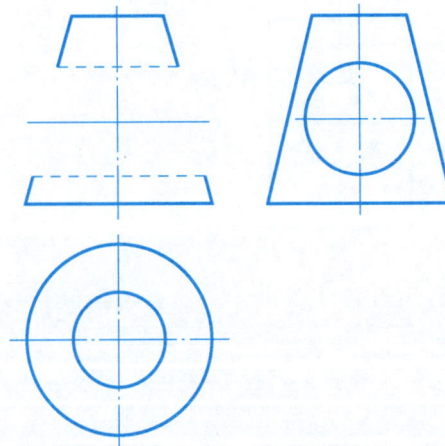

3.

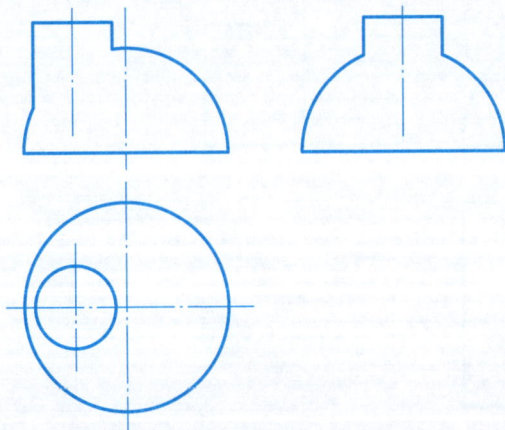

4.

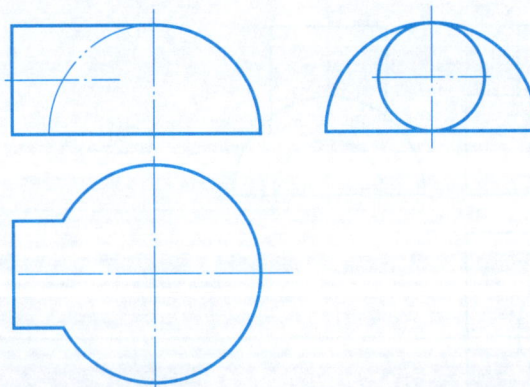

相贯线	班级：	姓名：	学号：	审核：

3-10 分析和求相贯线，并完成投影图。

1.

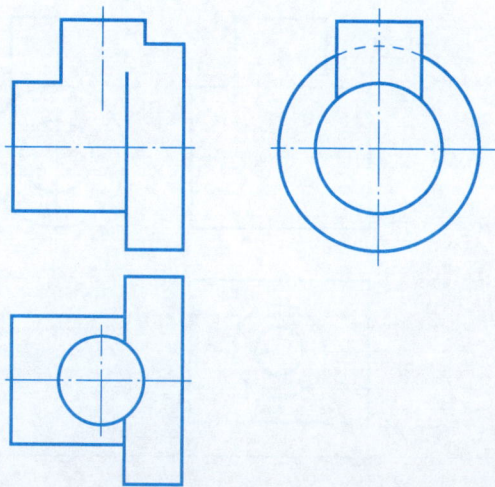

2.

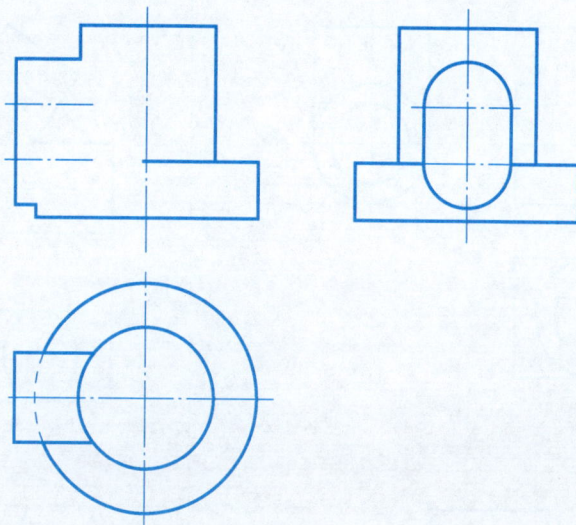

3-11　求特殊情况下的相贯线。

3-12　补画过渡线。

1.

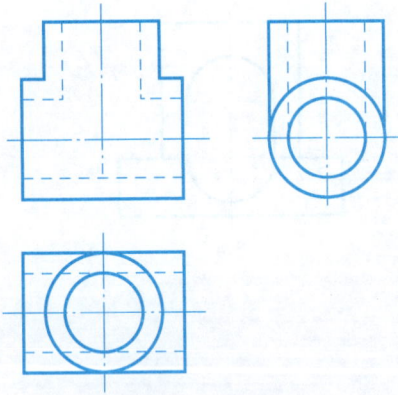

2.

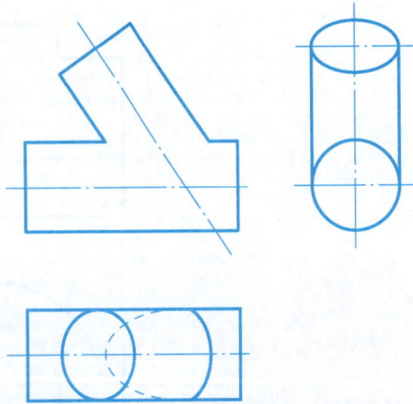

1.

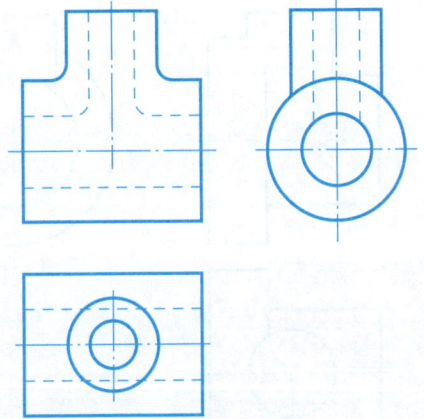

3.

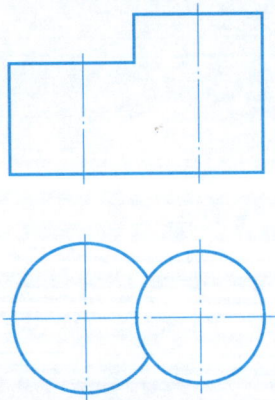

4.

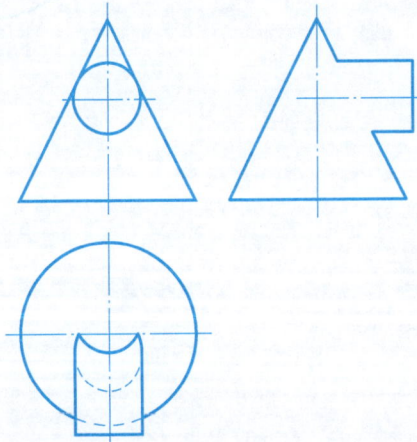

2.

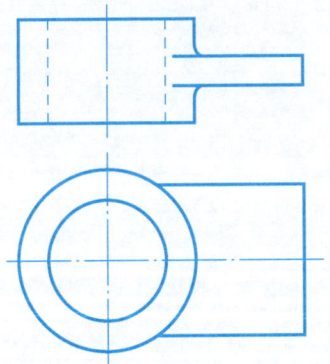

基本立体尺寸标注	班级：	姓名：	学号：	审核：

3-13 标注立体的尺寸（数值从图中直接量取并取整数）。

1.
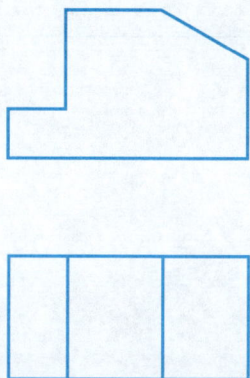

2.
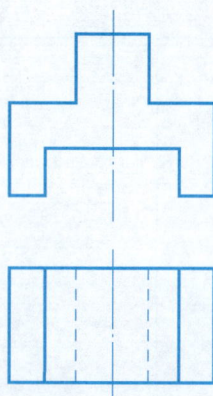

3.

4.
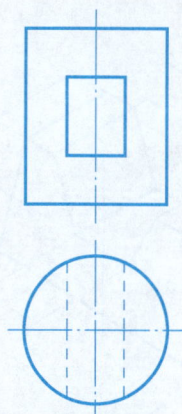

5.
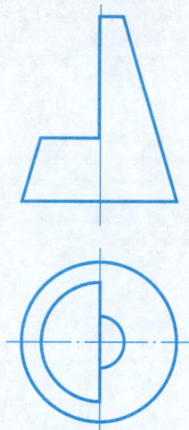

6.
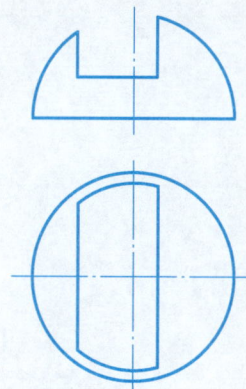

第4章 组 合 体

组合体三视图画法	班级：	姓名：	学号：	审核：

4-1 根据轴测图，绘制下列组合体的三视图（比例自定）（一）。

1.

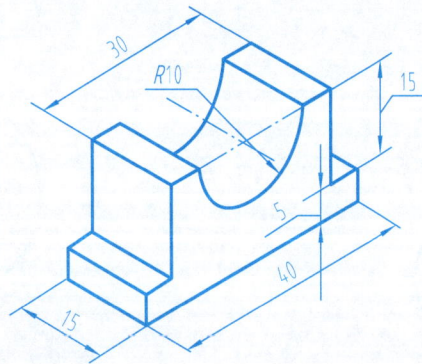

2.

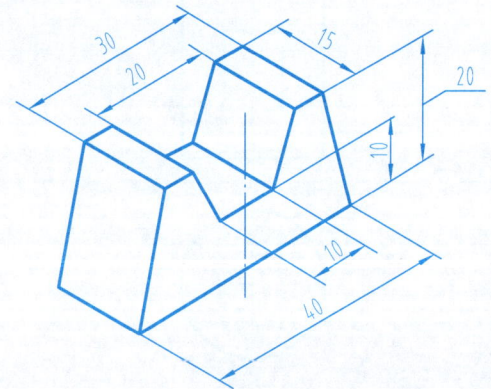

组合体三视图画法	班级：	姓名：	学号：	审核：

4-1 根据轴测图，绘制下列组合体的三视图（比例自定）（二）。

3.

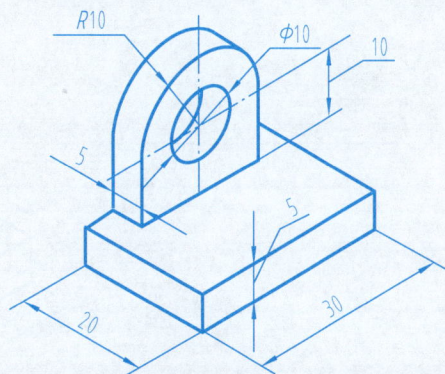

4.

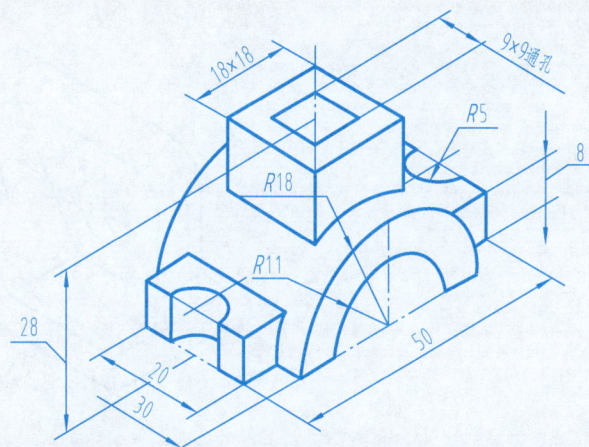

组合体三视图画法	班级：	姓名：	学号：	审核：

4-1 根据轴测图，绘制下列组合体的三视图（比例自定）（三）。

5.

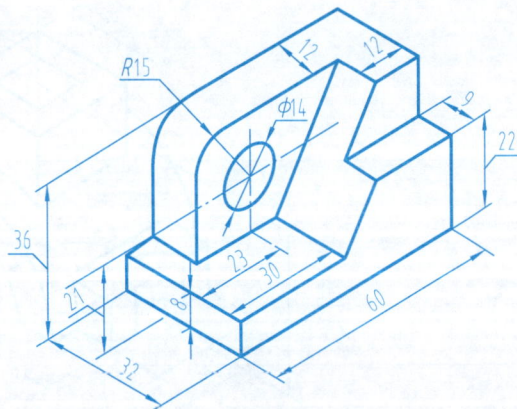

6.

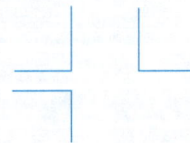

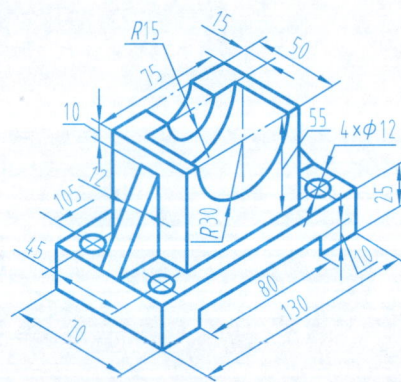

组合体三视图画法	班级：	姓名：	学号：	审核：

4-2 根据轴测图及三视图补全视图中所缺的线。

1.

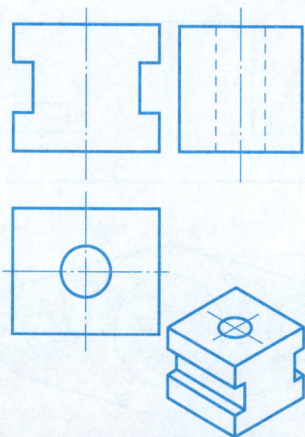

2.

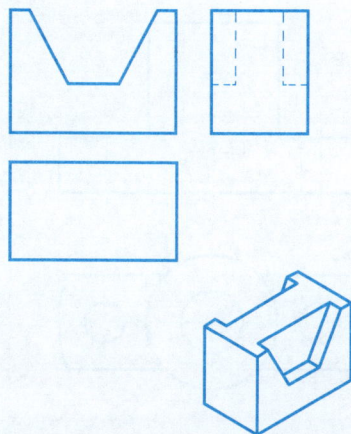

3.

4.

5.

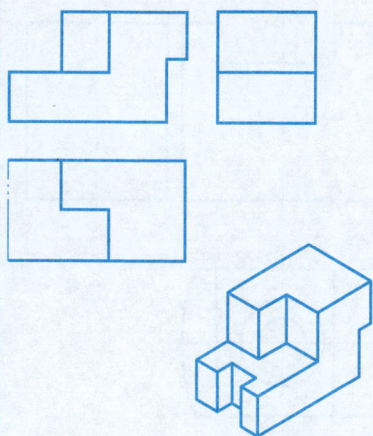

6.

7.

8.

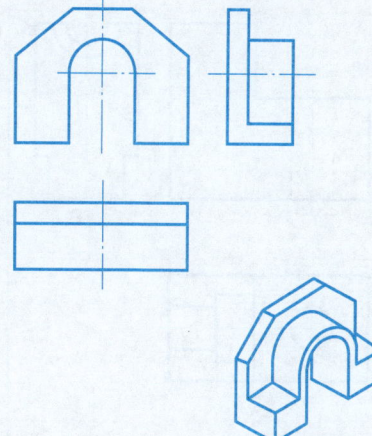

补画视图中所缺的线	班级：	姓名：	学号：	审核：

4-3 补全视图中所缺的线。

1.

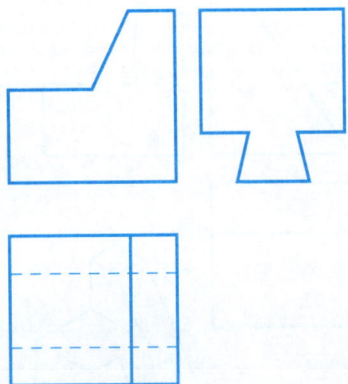

2.

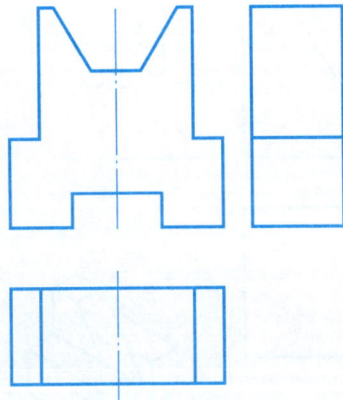

3.

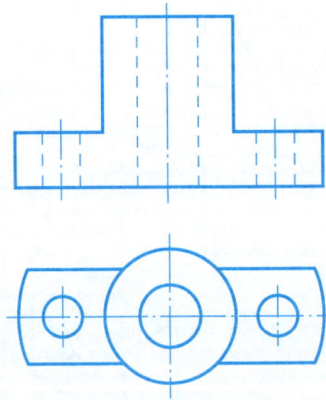

4.

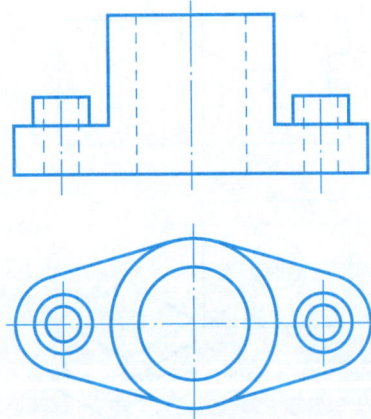

5.

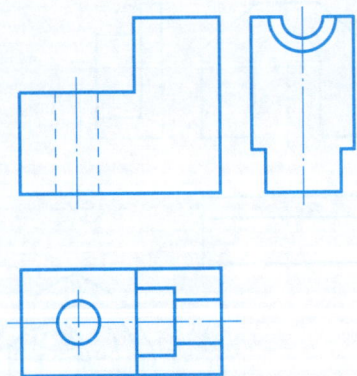

6.

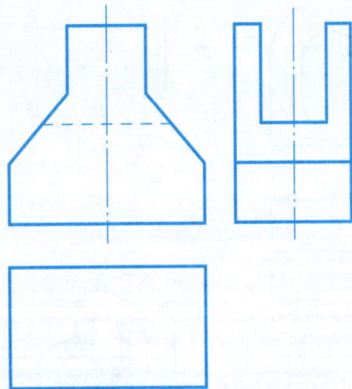

7.

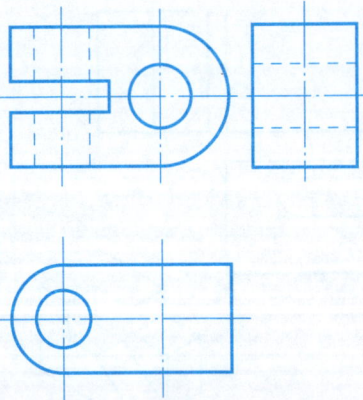

8.

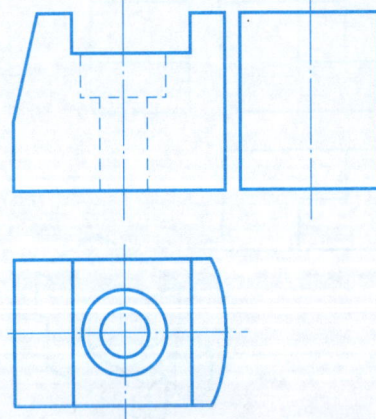

4-4　根据组合体的轴测图和两视图，补画第三视图。

1.
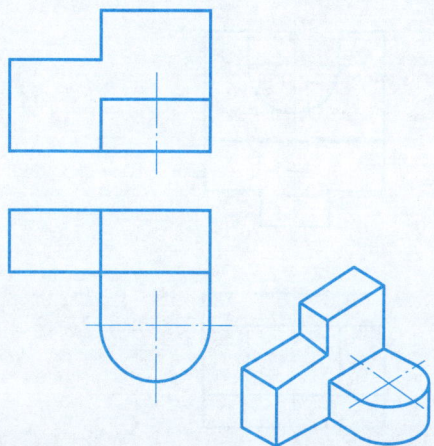

2.
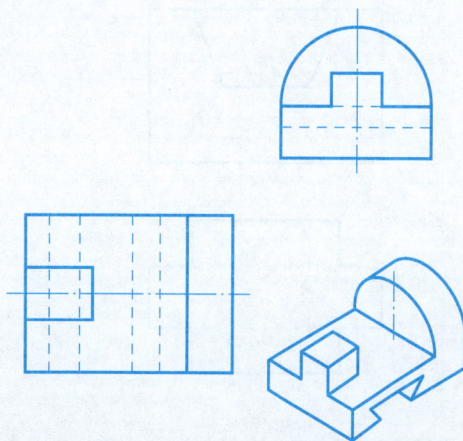

3.
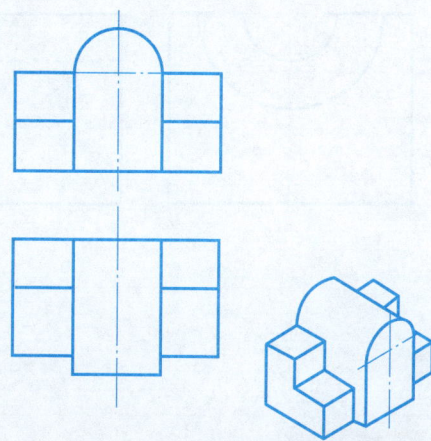

4.
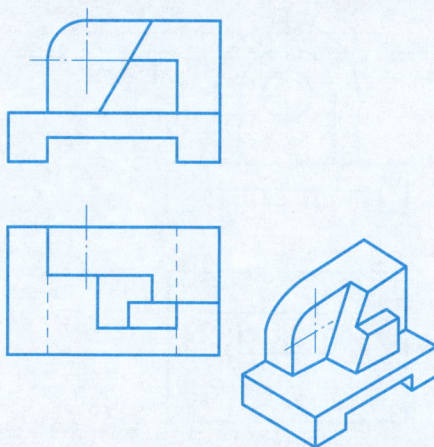

5.
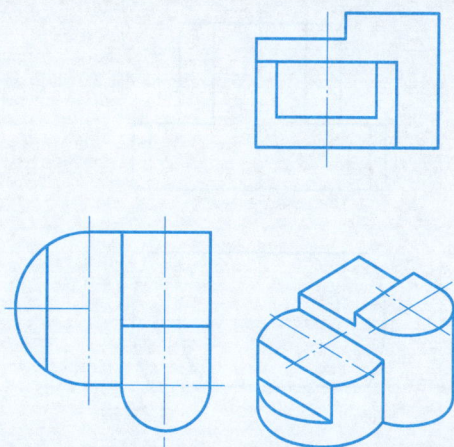

6.

补画组合体的第三视图	班级：	姓名：	学号：	审核：

4-5 根据组合体的两视图，补画第三视图（一）。

1.

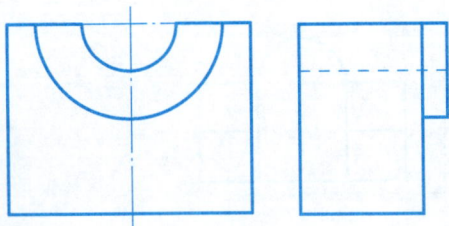

2.

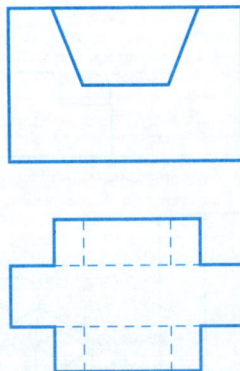

3.

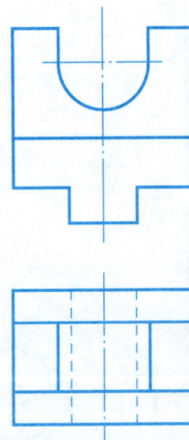

4.

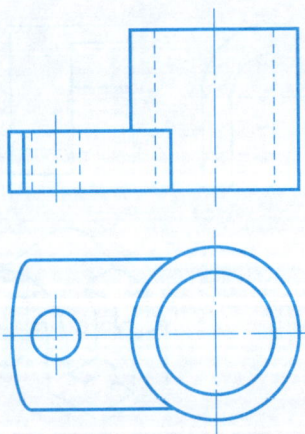

5.

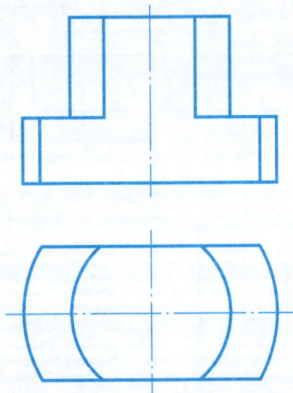

6.

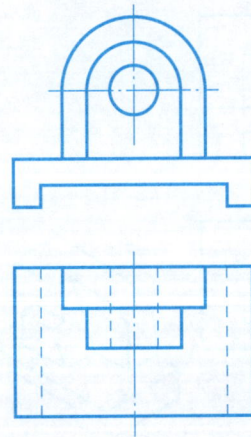

4-5　根据组合体的两视图，补画第三视图（二）。

7.

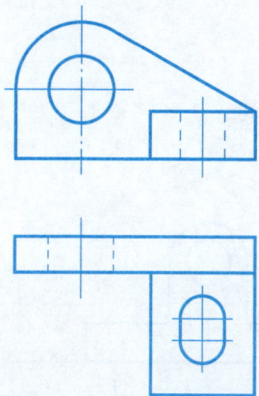

8.

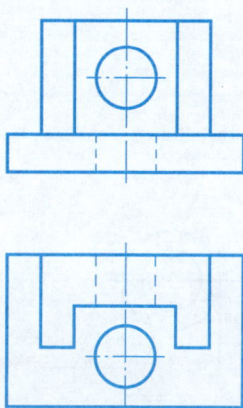

9.

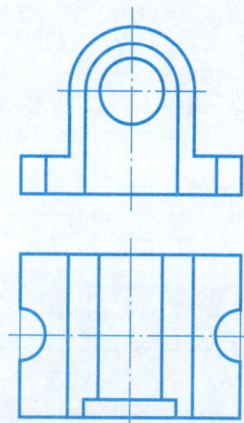

10.

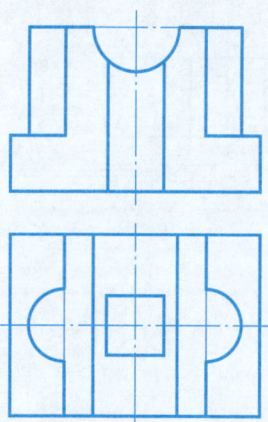

11.

12.

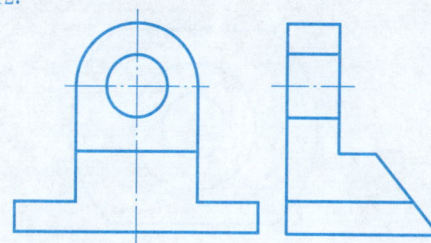

组合体尺寸标注	班级：	姓名：	学号：	审核：

4-6 补全尺寸（一）。（只画尺寸界线、尺寸线和箭头，不必标注数字）

1.

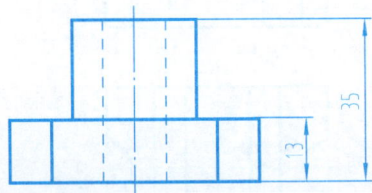

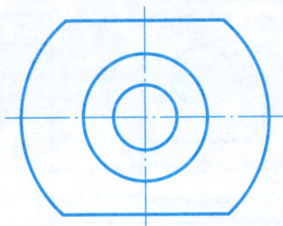

2.

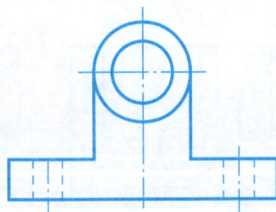

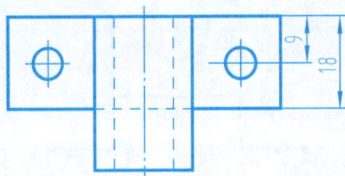

3.

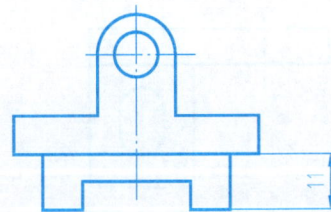

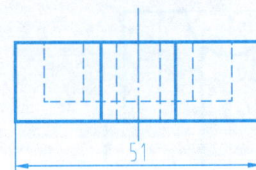

组合体尺寸标注	班级：	姓名：	学号：	审核：

4-6　补全尺寸（二）。（只画尺寸界线、尺寸线和箭头，不必标注数字）

4.

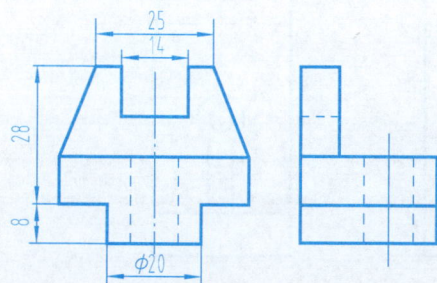

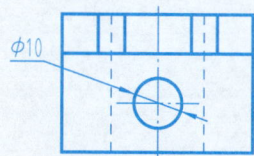

5.

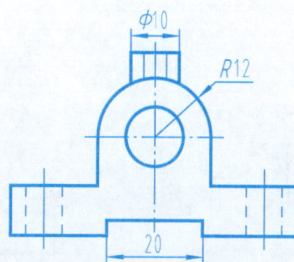

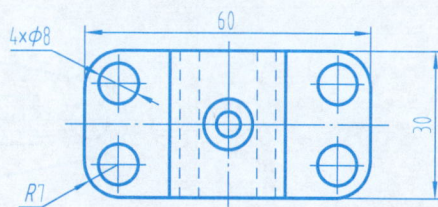

6.

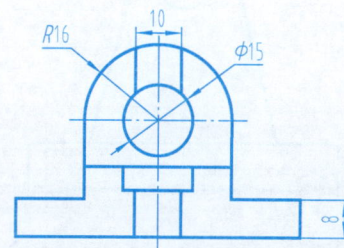

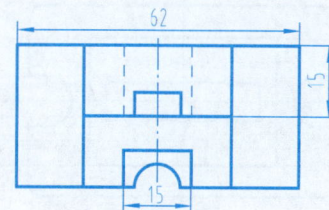

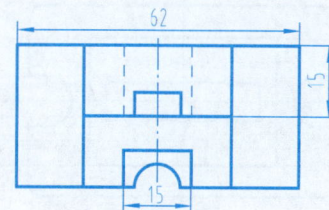

组合体尺寸标注	班级：	姓名：	学号：	审核：

4-7 标注组合体的尺寸（数值从图中按1:1量取并取整数）。

1.

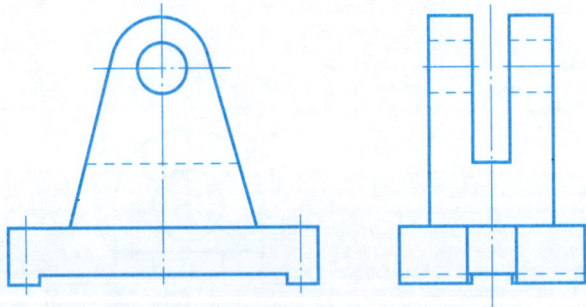

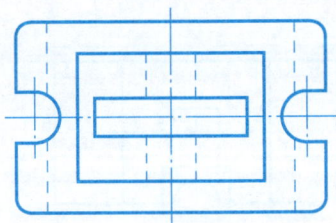

2.

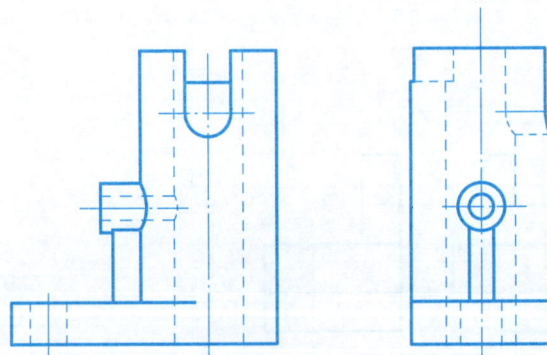

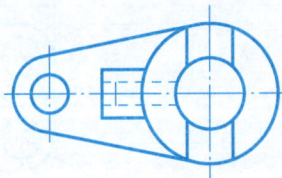

4-8　根据轴测图，绘制组合体三视图，并标注尺寸（采用 A3 图幅，比例 1∶1，内容由教师指定）。

1.

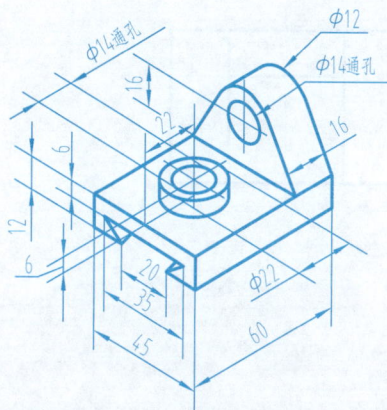

φ14通孔　φ12　φ14通孔　16　22　16　6　12　6　20　35　45　60　φ22

2.

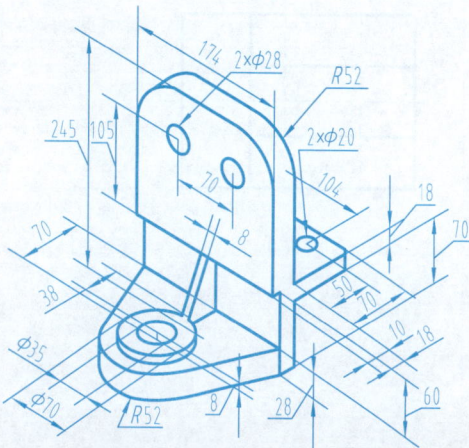

174　2×φ28　R52　245　105　2×φ20　104　70　18　70　70　8　38　50　70　φ35　10　18　φ70　8　28　60　R52

3.

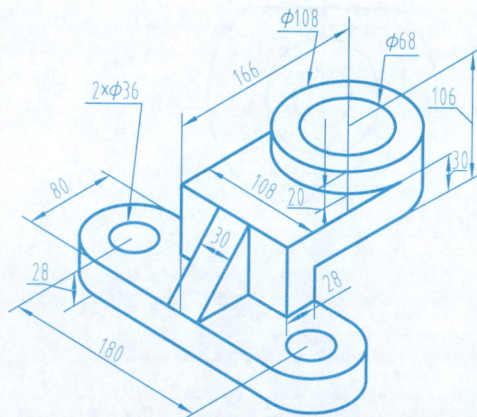

φ108　φ68　2×φ36　166　106　80　130　108　20　30　28　28　180

4.

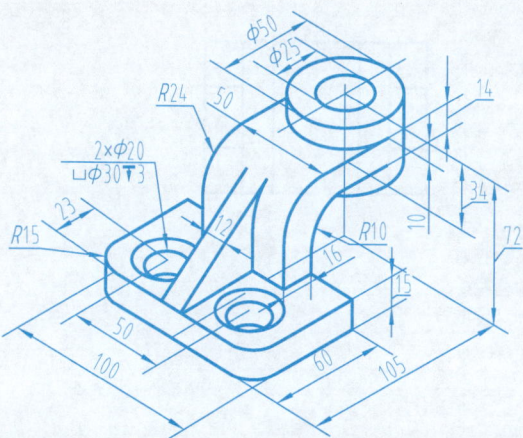

φ50　φ25　R24　50　14　2×φ20　⊔φ30▽3　R15　23　R10　10　72　12　16　15　50　60　105　100　34

5.

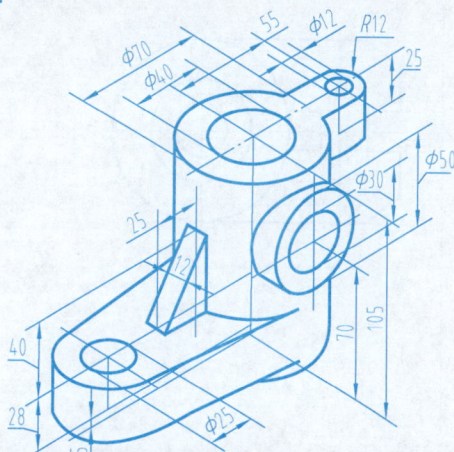

55　φ12　R12　φ70　φ40　25　φ30　φ50　25　12　40　70　105　28　5　φ25

6.

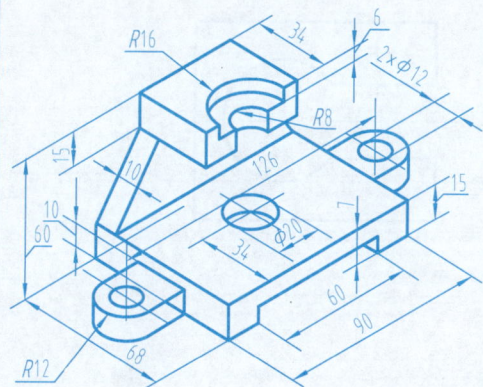

R16　34　6　2×φ12　R8　15　10　126　10　60　7　15　34　φ20　60　R12　68　90

41

| 组合体构形练习 | 班级： | 姓名： | 学号： | 审核： |

4-9 由一个视图构思组合体的三视图。

1.

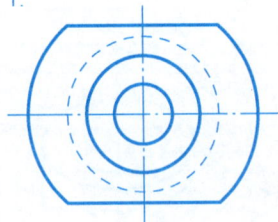

2.

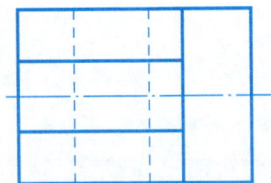

3.

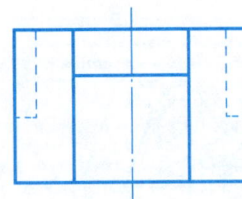

4.

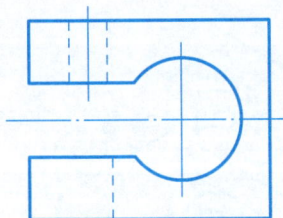

5.

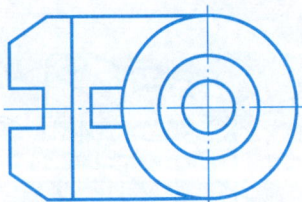

6.

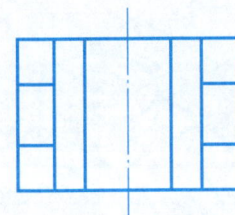

组合体综合练习	班级：	姓名：	学号：	审核：

4-10 根据组合体轴测图，绘制组合体的三视图，并标注尺寸。

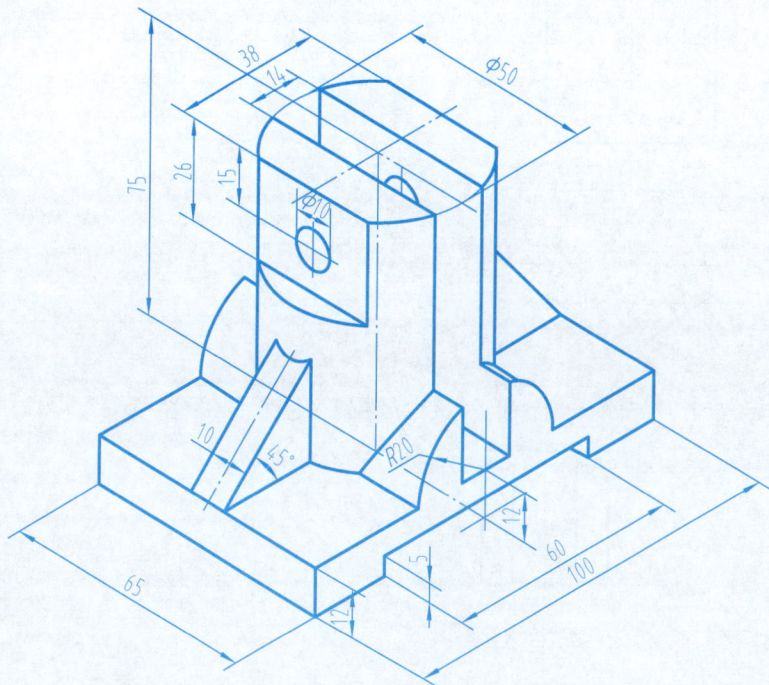

作业指导：组合体

一、目的

1. 掌握组合体的画法，以及组合体尺寸标注方法。

2. 巩固相贯线的画法。

二、内容

根据轴测图画出组合体的三视图，标注尺寸。

三、要求

1. 采用 A3 图幅，比例 1：1。

2. 根据选择主视图的要求，将能明显表现组合体形状与位置特征的方向作为主视图投影方向，物体的位置如左图所示。

3. 布图合理，图面要整洁。

四、画图步骤

1. 应用形体分析法分析：组合体可分为四部分，即下面的底板、左右的三角肋板、中间竖直的圆柱和前后方向的半圆柱。

2. 轻画底图。

(1) 画 A3 图框和标题栏。

(2) 布图，画中心线及定位线。

(3) 按底板—中间圆柱—前后半圆柱—三角肋板的顺序画出组合体的底图。

3. 检查底图、修改、擦去多余的线。

4. 加粗描深。

5. 标注尺寸，注意应用形体分析法。

五、注意事项

1. 竖直圆柱和前后半圆柱是相贯的，应画出相贯线。

2. 标注尺寸时，注意标注定形、定位尺寸。

第5章 轴 测 图

轴测图	班级：	姓名：	学号：	审核：

5-1 根据视图画正等轴测图。

1.

2.

3. 根据圆柱的两视图，画正等轴测图（立在"四棱柱"的正中）。

4. 根据正六棱柱的两视图，画正等轴测图（立在"四棱柱"的正中）。

5-2　根据两视图徒手画轴测图（斜格上方的两图：左图画正等测，右图画斜二测）（一）。

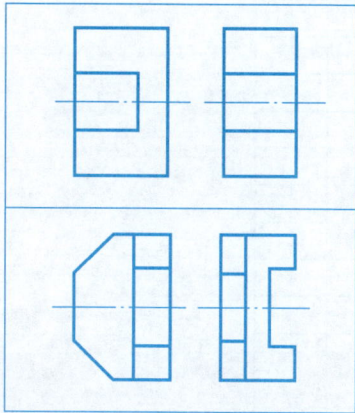

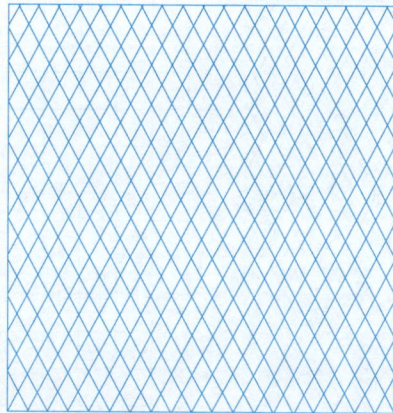

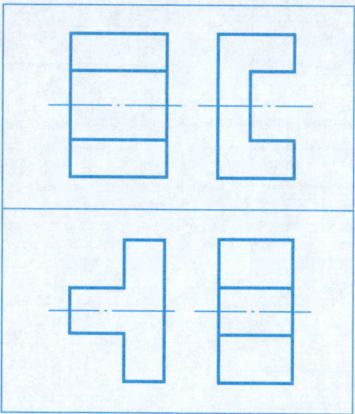

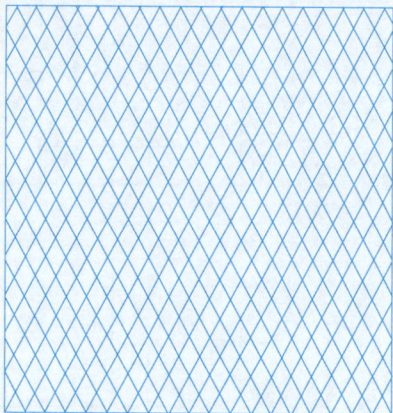

班级：　　姓名：　　学号：　　审核：

5-2　根据两视图徒手画轴测图（斜格上方的两图：左图画正等测，右图画斜二测）（二）。

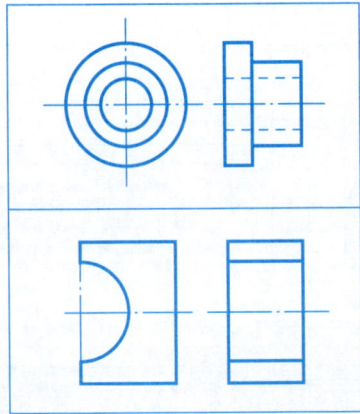

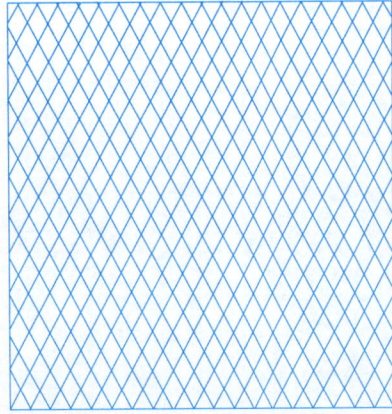

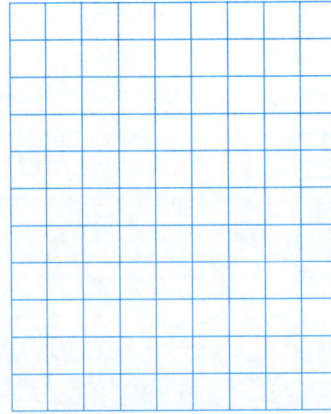

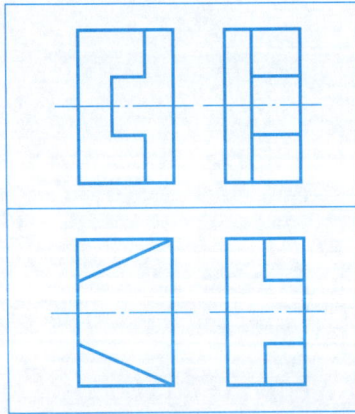

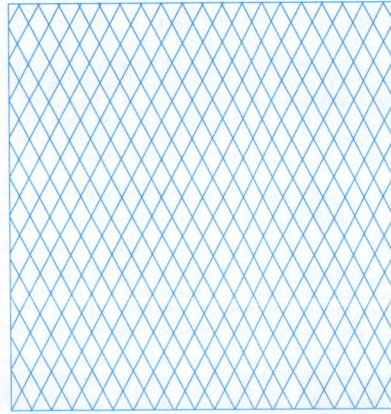

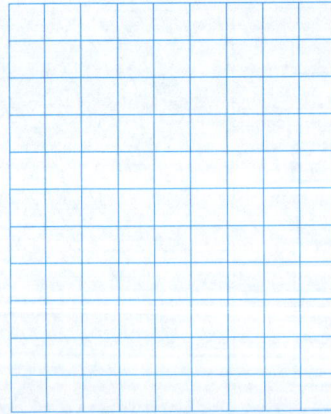

轴测图	班级：	姓名：	学号：	审核：

5-3 根据视图画正等轴测图（一）。

1.

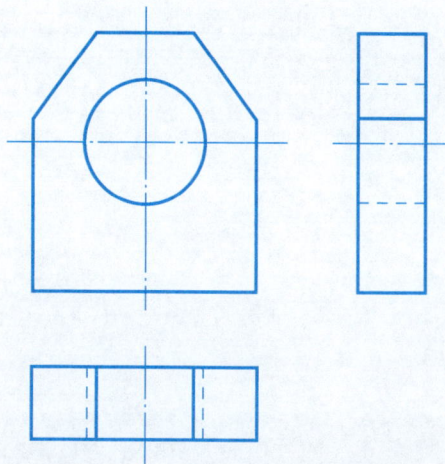

2.

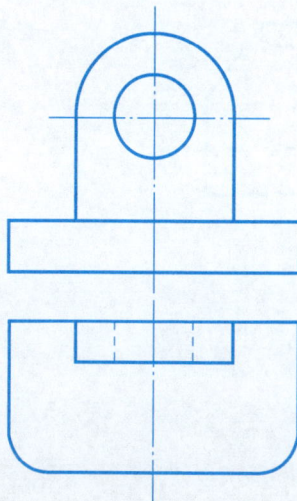

| 轴测图 | 班级： | 姓名： | 学号： | 审核： |

5-3 根据视图画正等轴测图（二）。

3.

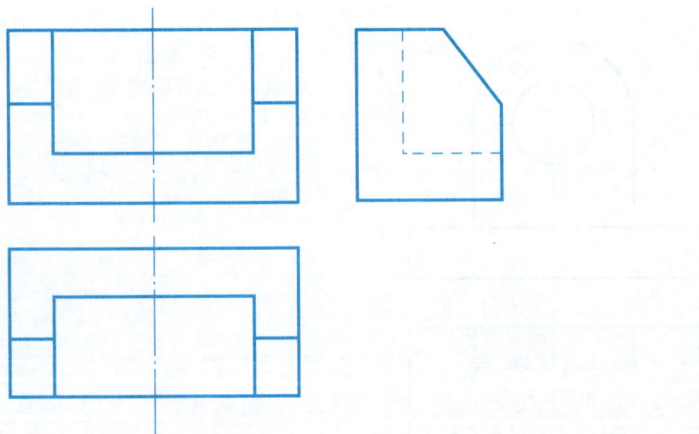

4.

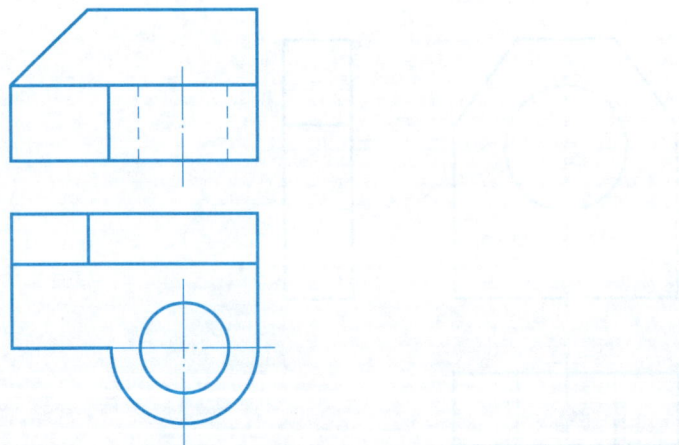

5-3 根据视图画正等轴测图（三）。

5.

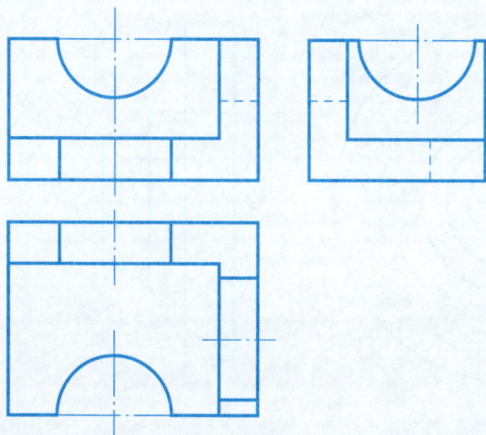

6.

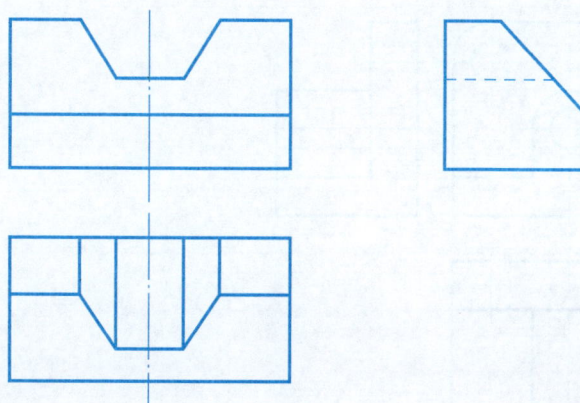

轴测图	班级：	姓名：	学号：	审核：

5-4 根据视图画斜二轴测图。

1.

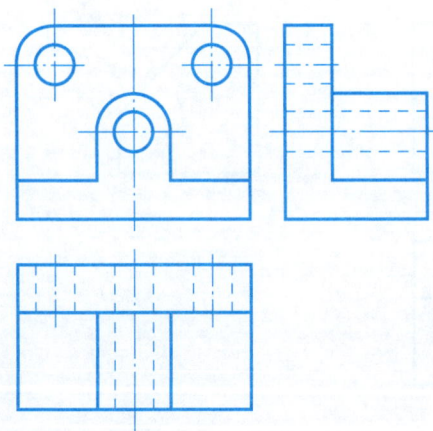

2.

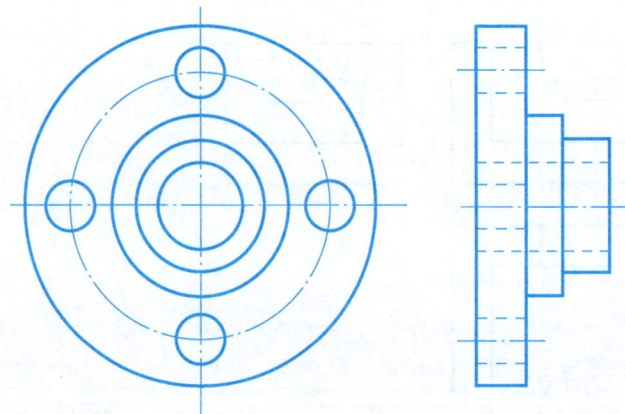

第6章 机件的表达方法

视图	班级：	姓名：	学号：	审核：

6-1 根据主、俯、左三视图补画右、后、仰视图。

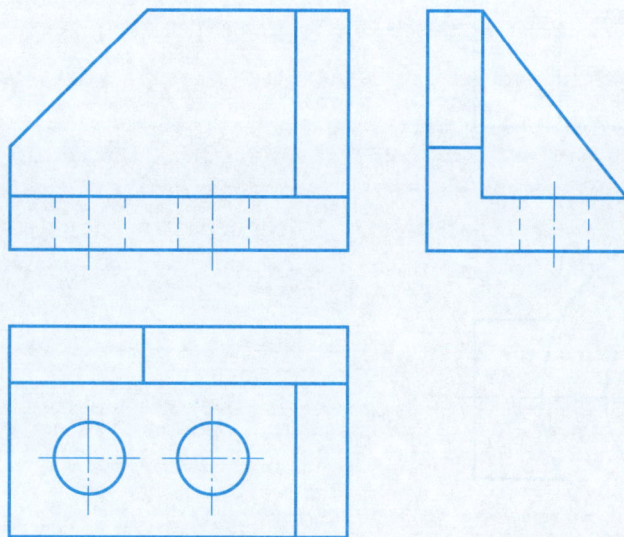

6-2 画出 A 向和 B 向局部视图。

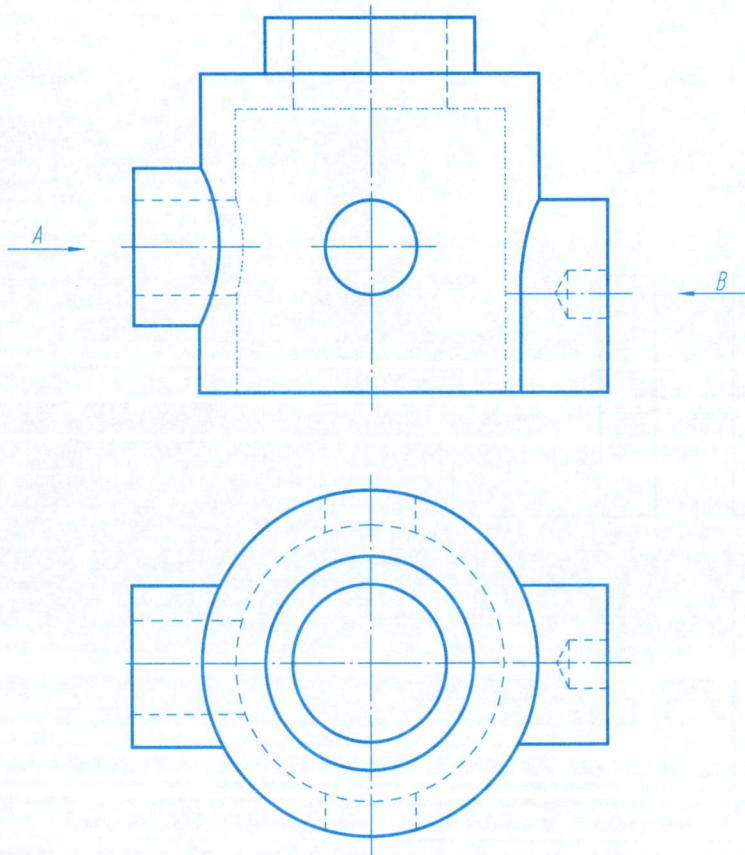

6-3　画出 A 向斜视图和 B 向局部视图。

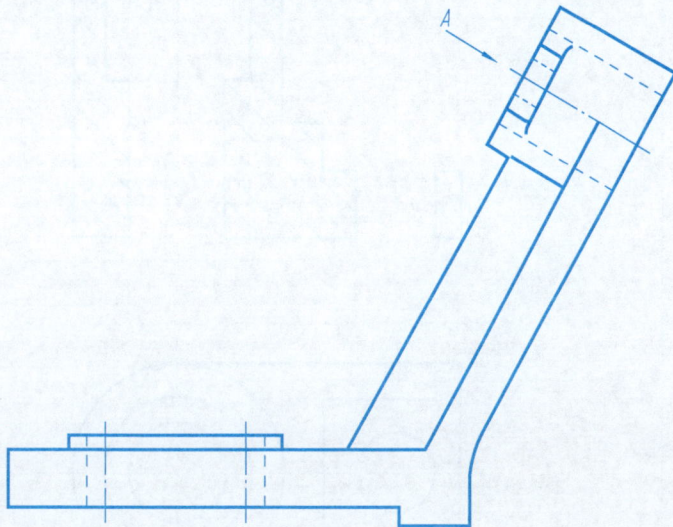

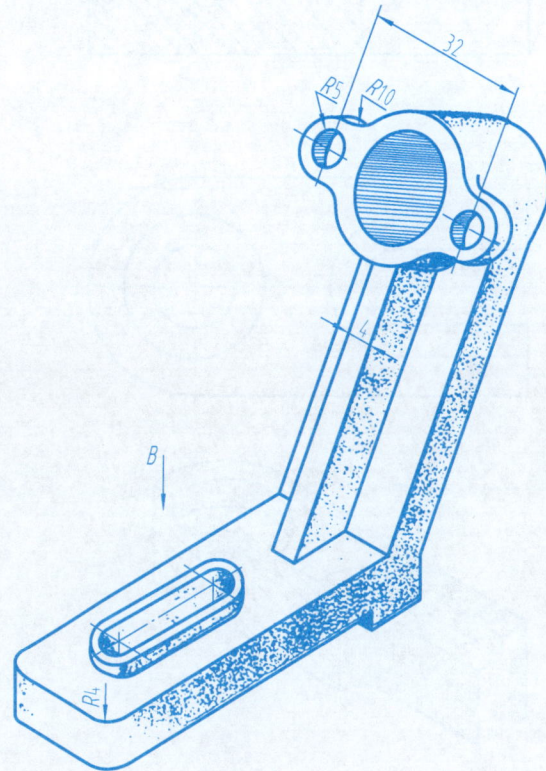

6-4　补画图中的漏线。

1.

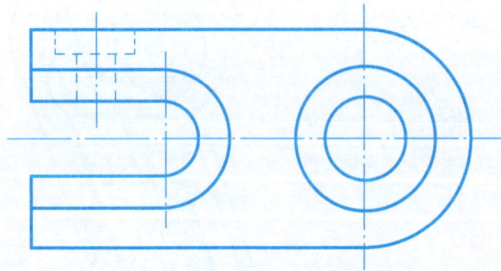

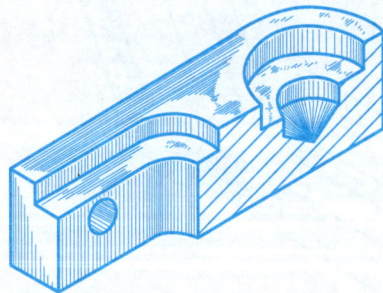

2.

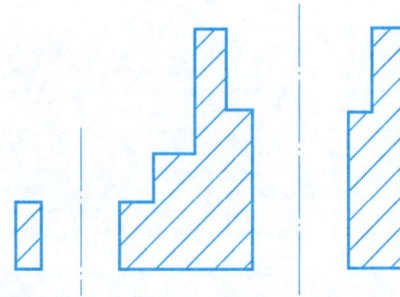

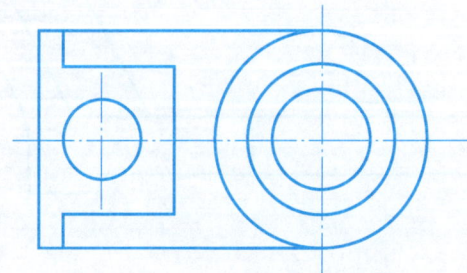

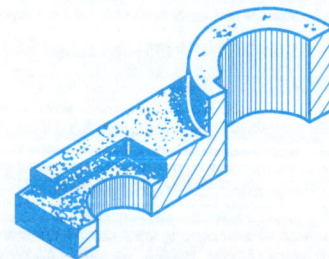

剖视图	班级：	姓名：	学号：	审核：

6-5 改正剖视图中的错误（将缺的线补上，多余的线上打"×"）。

1.
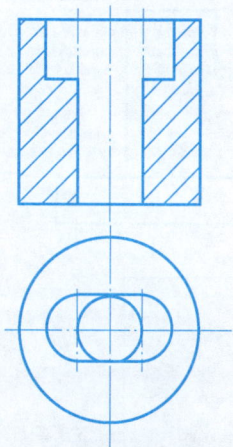

2.
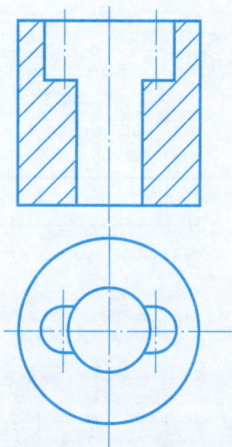

3.
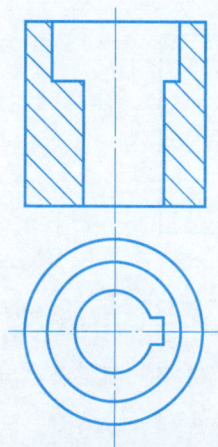

4.
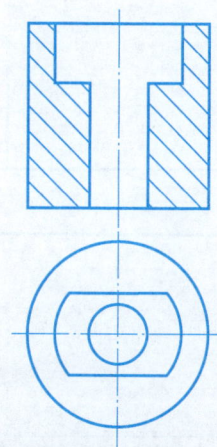

5.
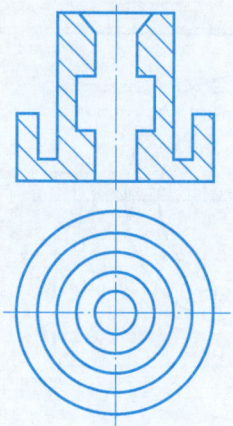

6.
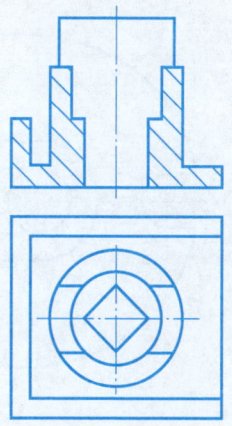

7.

8.
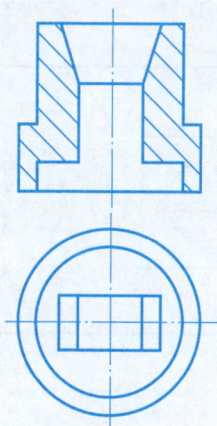

剖视图	班级：	姓名：	学号：	审核：

6-6 将主视图改画成全剖视图（画在中间的线框内）。

1.

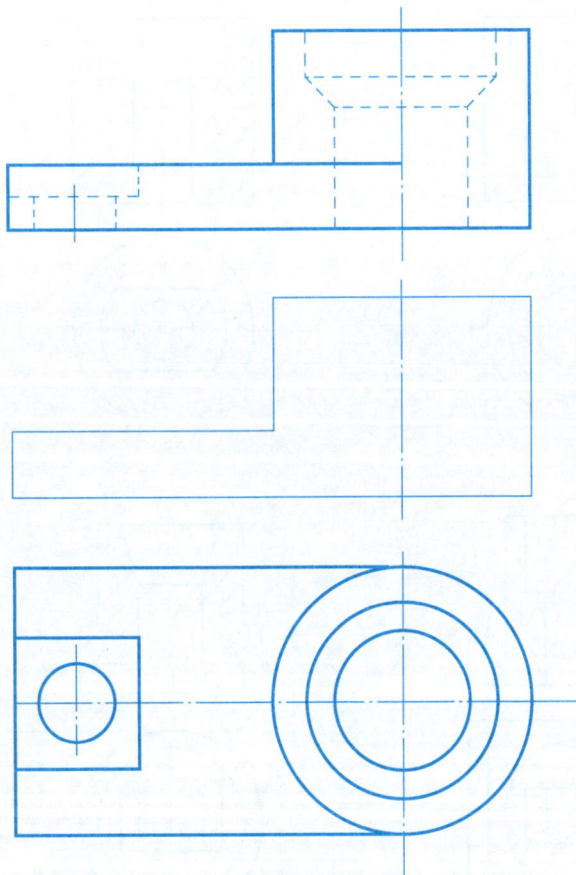

2.

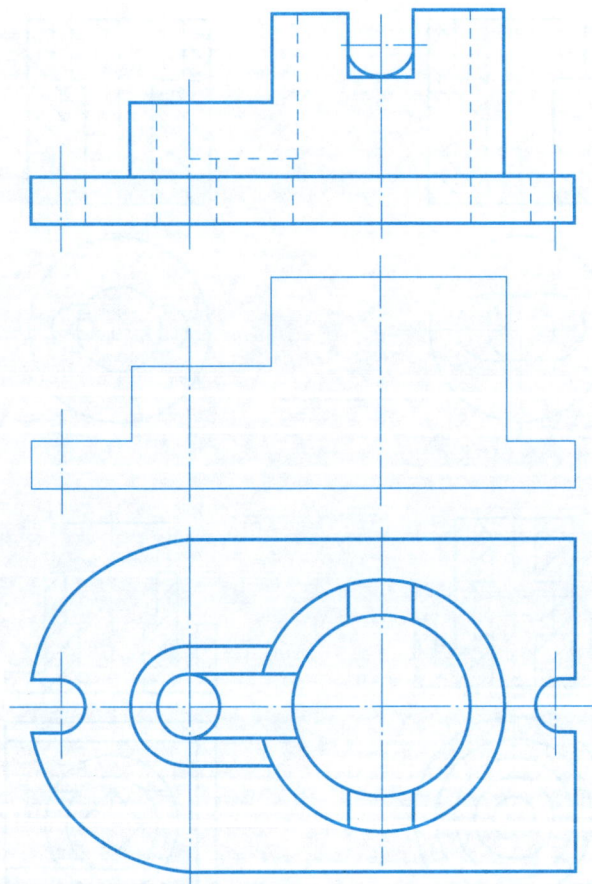

6－7　求作半剖的左视图。

1.

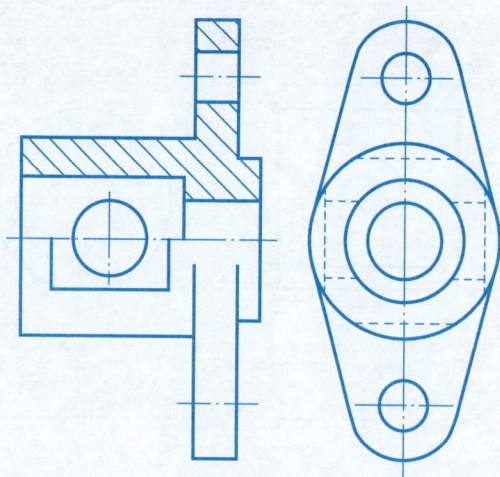

2.

剖视图	班级：	姓名：	学号：	审核：

6-8 判断6组剖视图的画法是否正确。

6-9 指出局部剖视图中的错误，将正确的图画在下面。

1.

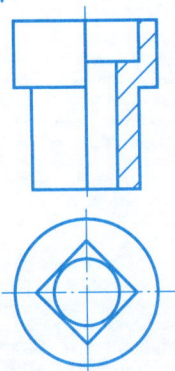

( )

2.

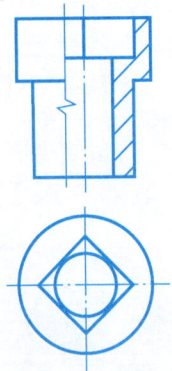

( )

3.

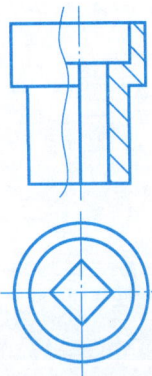

( )

4.

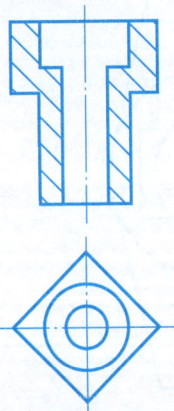

( )

5.

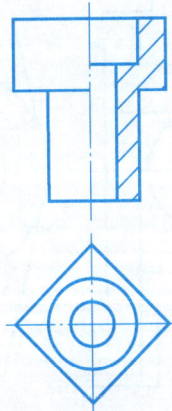

( )

6.

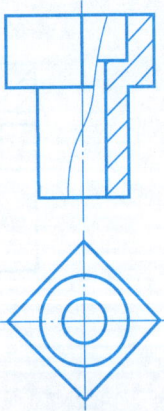

( )

1.

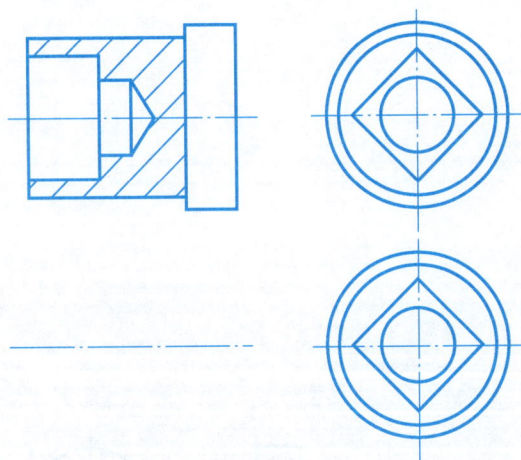

2.

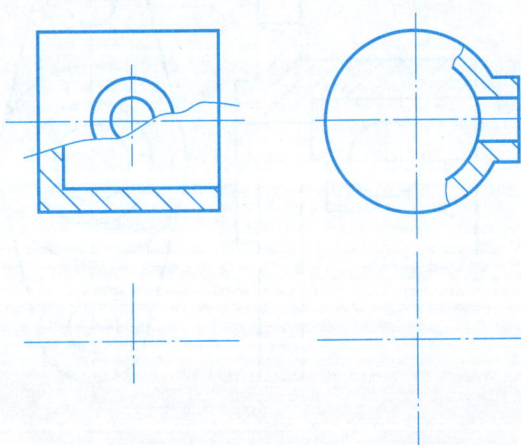

剖视图	班级：	姓名：	学号：	审核：

6-10　将主视图改画成全剖视图，并画出全剖的左视图。

1.

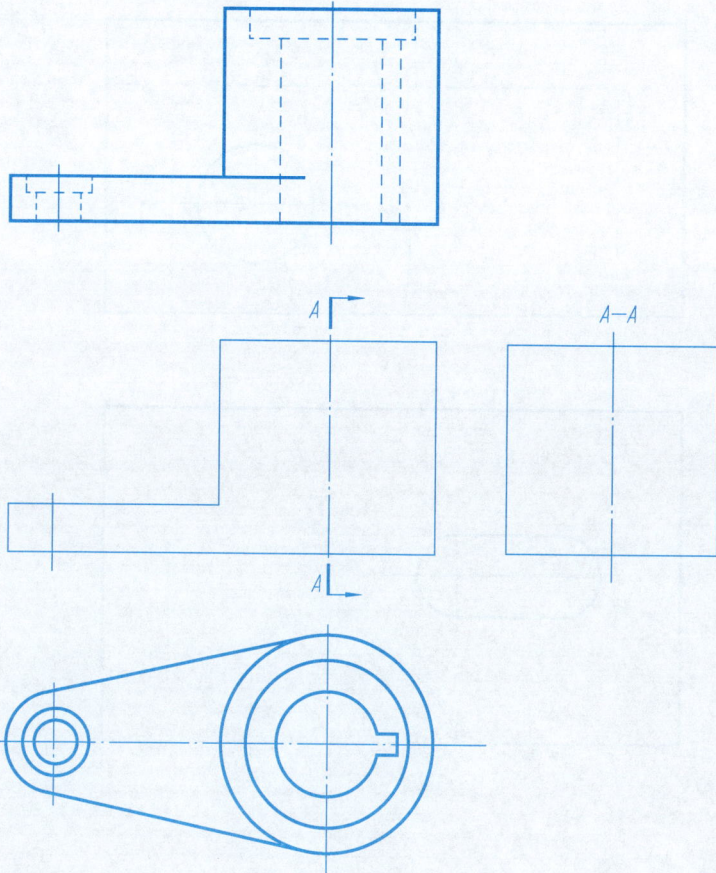

2.

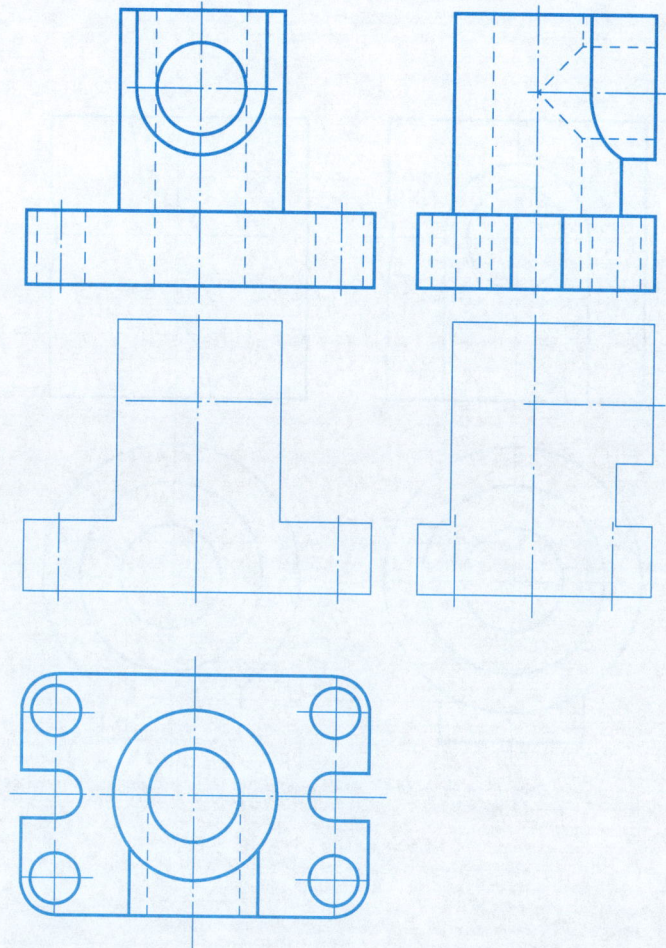

剖视图	班级：	姓名：	学号：	审核：

6-11　根据给定的剖切位置，将主、俯视图改画成局部剖视图。

1.

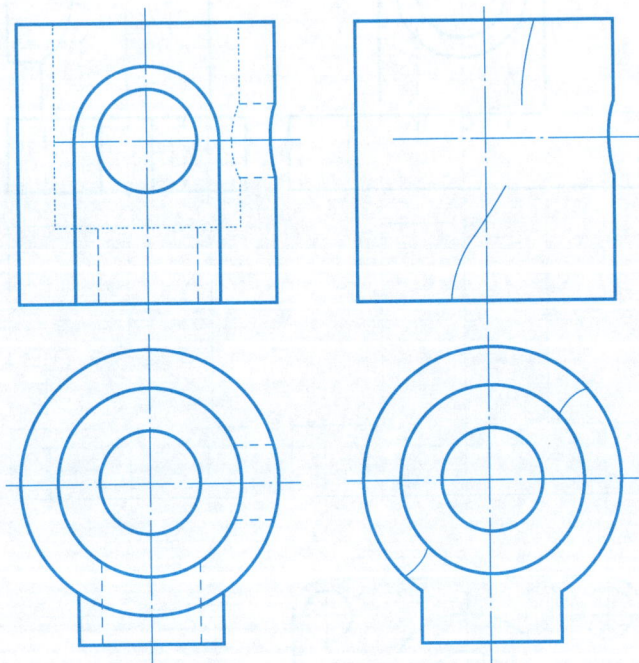

（根据左边的主俯视图把右图改成局部剖视图）

2.

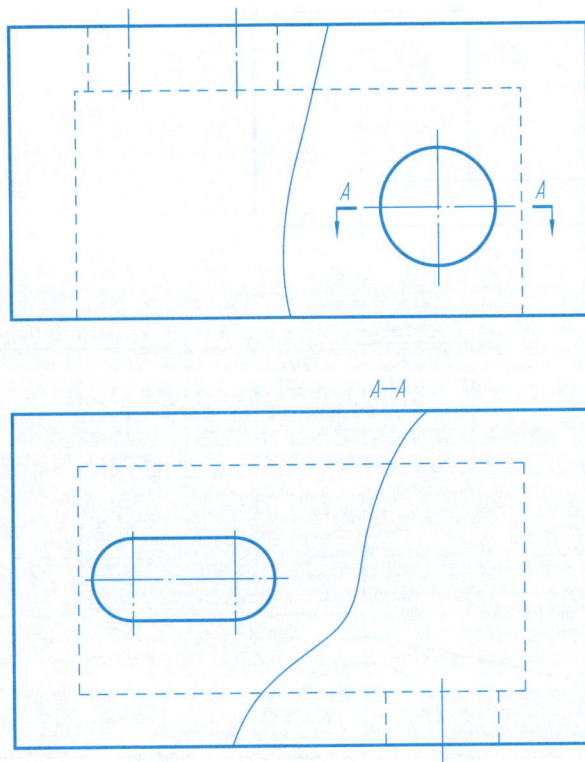

A—A

6-12 将主视图改为合适的剖视图，并进行标注。

1.

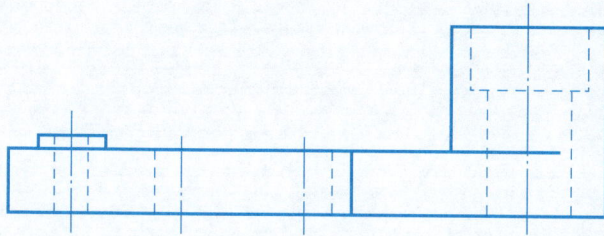

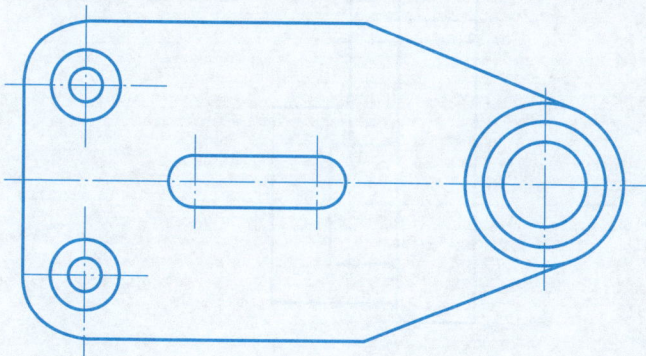

2.

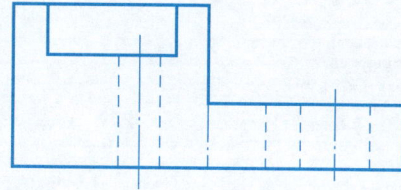

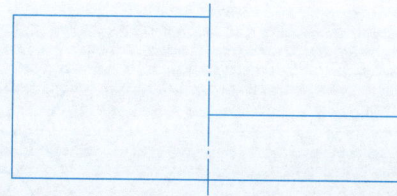

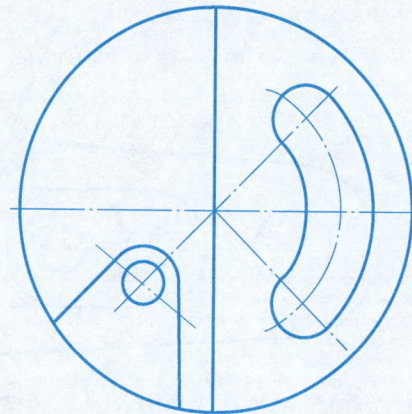

6-13 画 A—A 及 B—B 全剖视图。

A—A

B—B

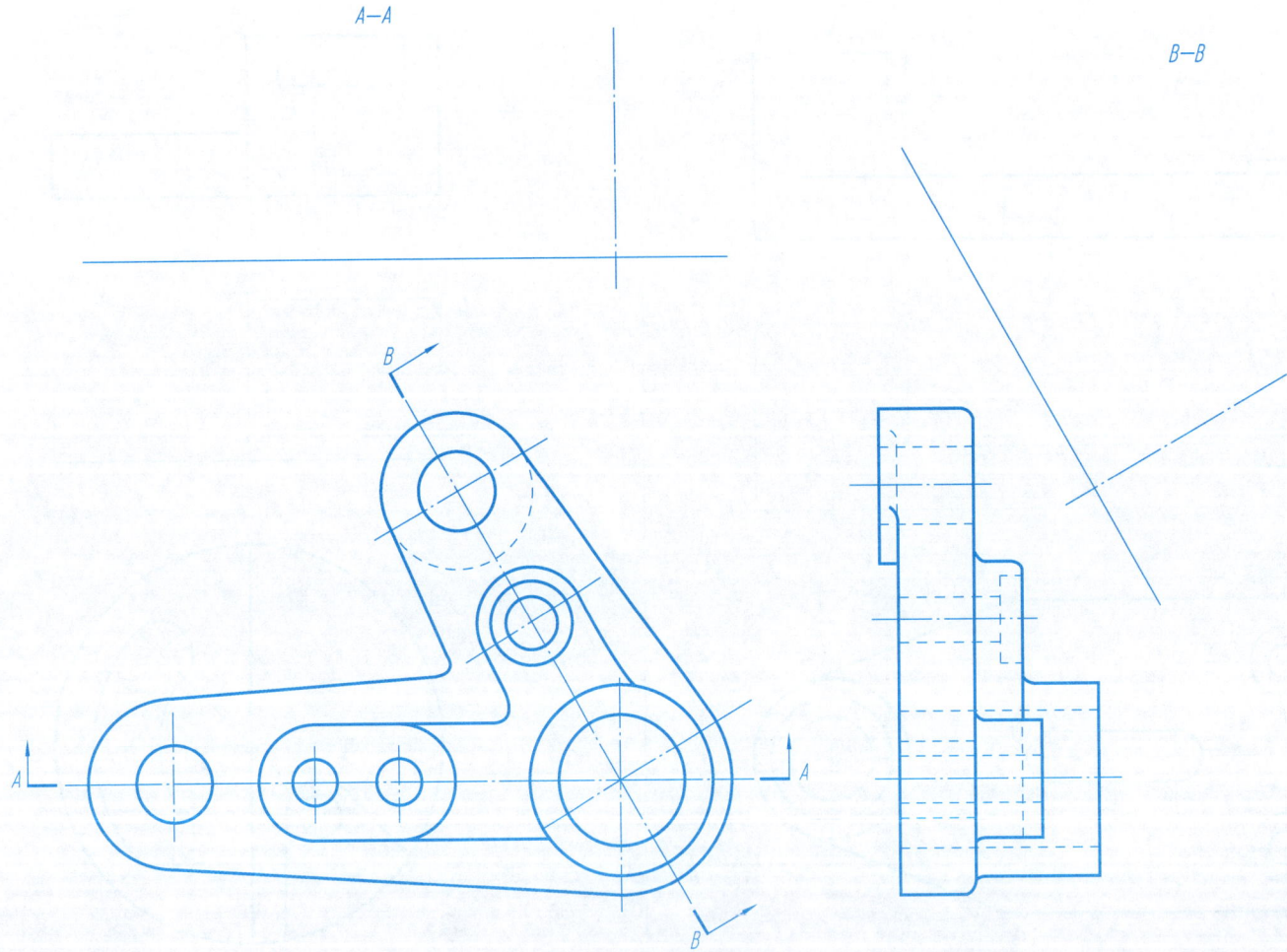

| 断面图 | 班级： | 姓名： | 学号： | 审核： |

6-14 选择正确的断面图，并在选定的断面图上方和视图中进行标注。

1.

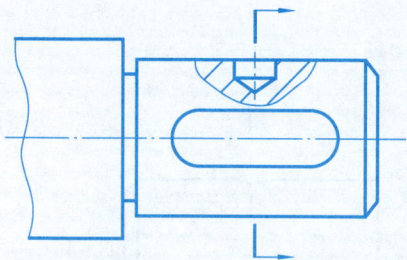

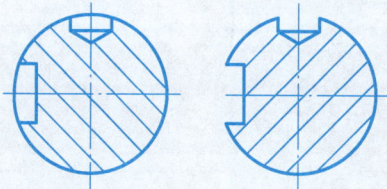

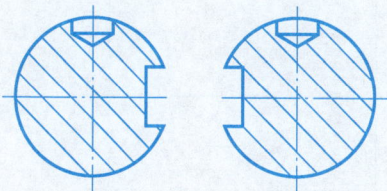

2.

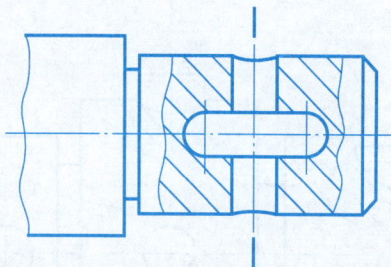

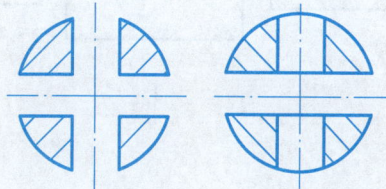

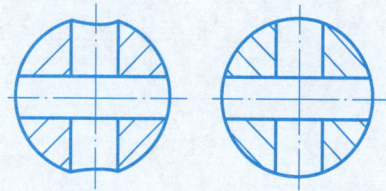

3.

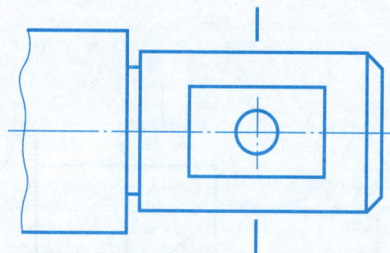

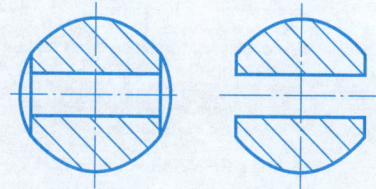

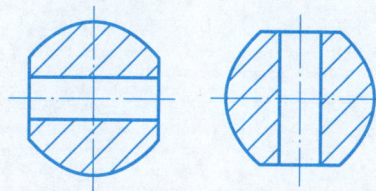

6-15 在指定位置画出移出断面图，并进行标注。

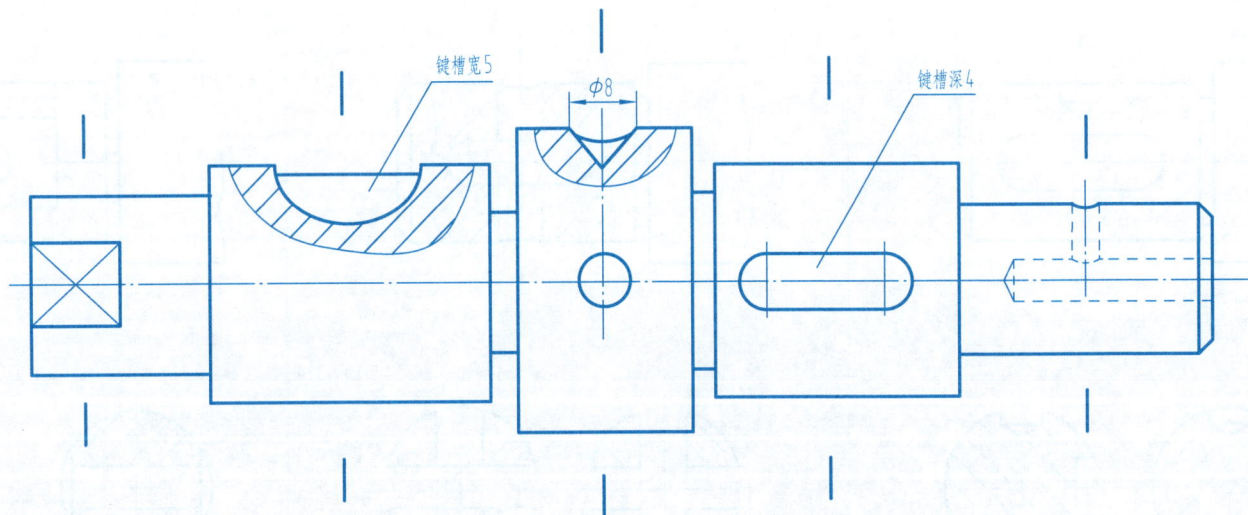

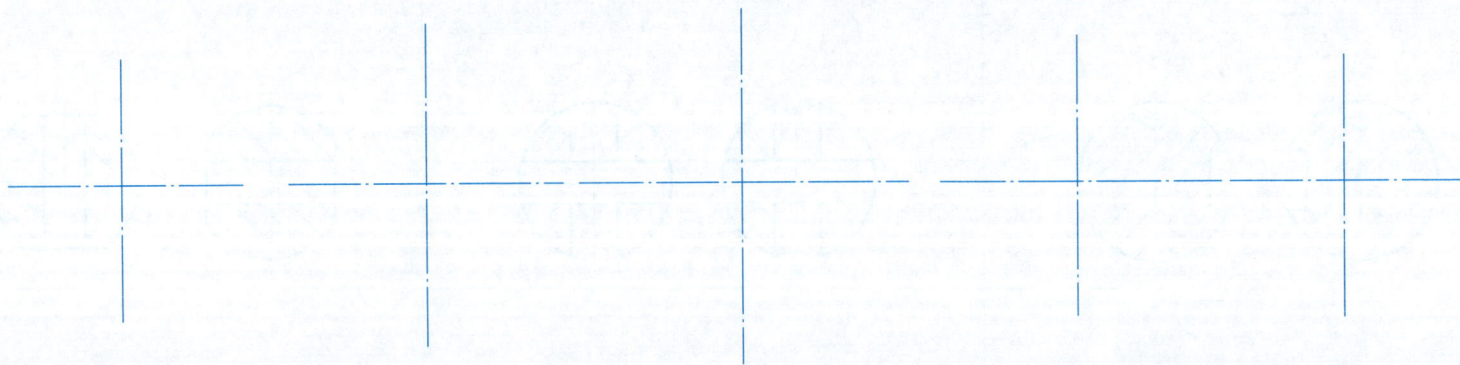

键槽宽5

$\phi8$

键槽深4

断面图	班级：	姓名：	学号：	审核：

6-16 在剖切线的延长线上画出移出断面图。

6-17 把移出断面图改为重合断面图。

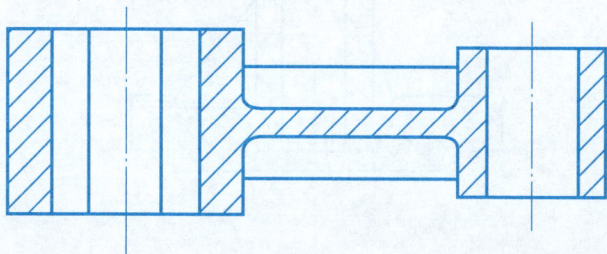

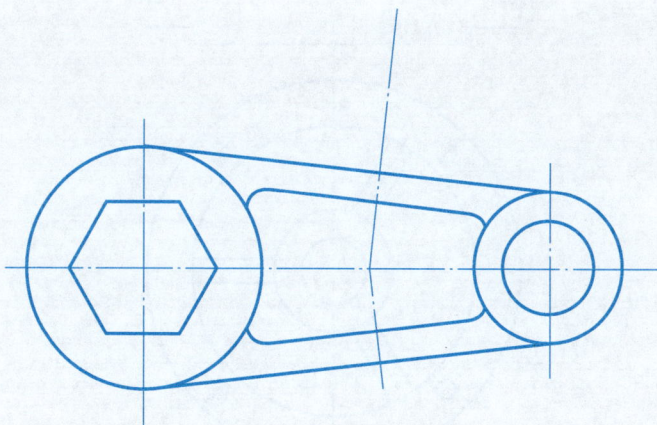

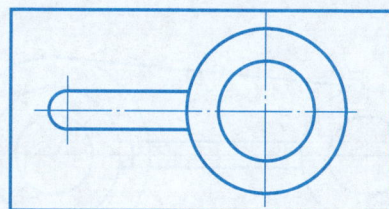

6-18　按规定画法，在指定位置画出正确的剖视图。

1.

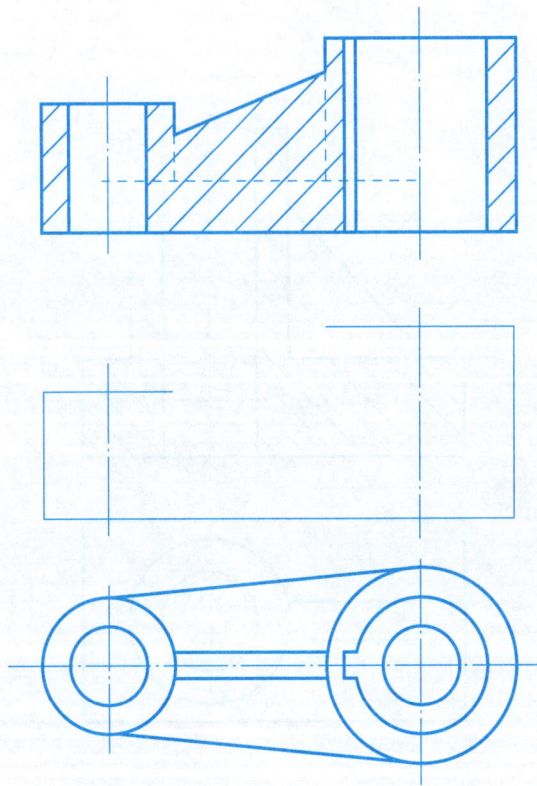

2.

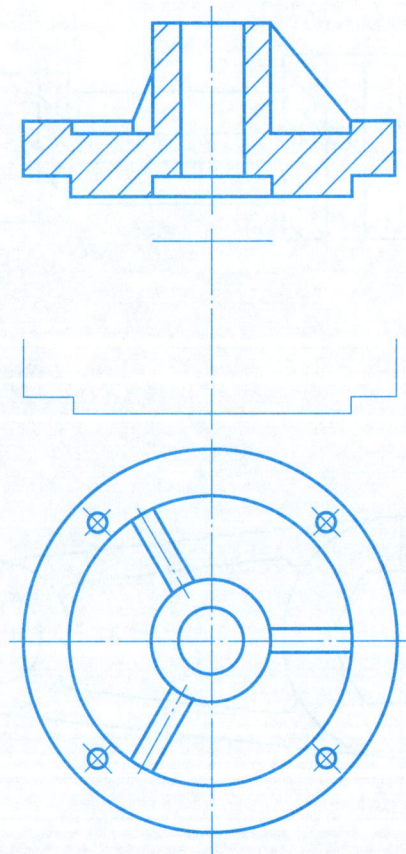

6-19　用适当的表达方法表达机件。

1.

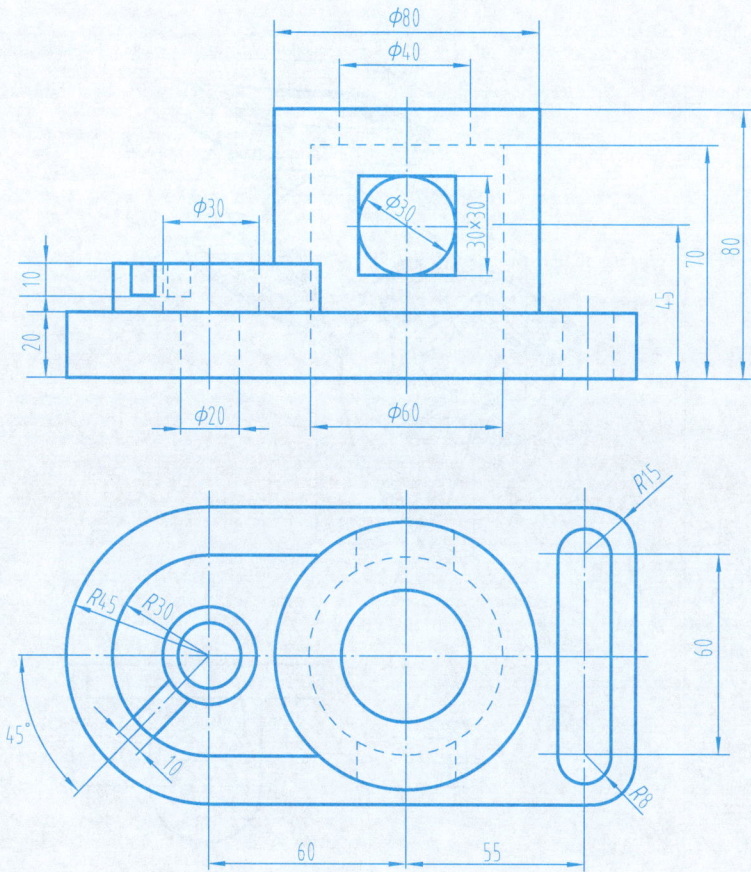

2.

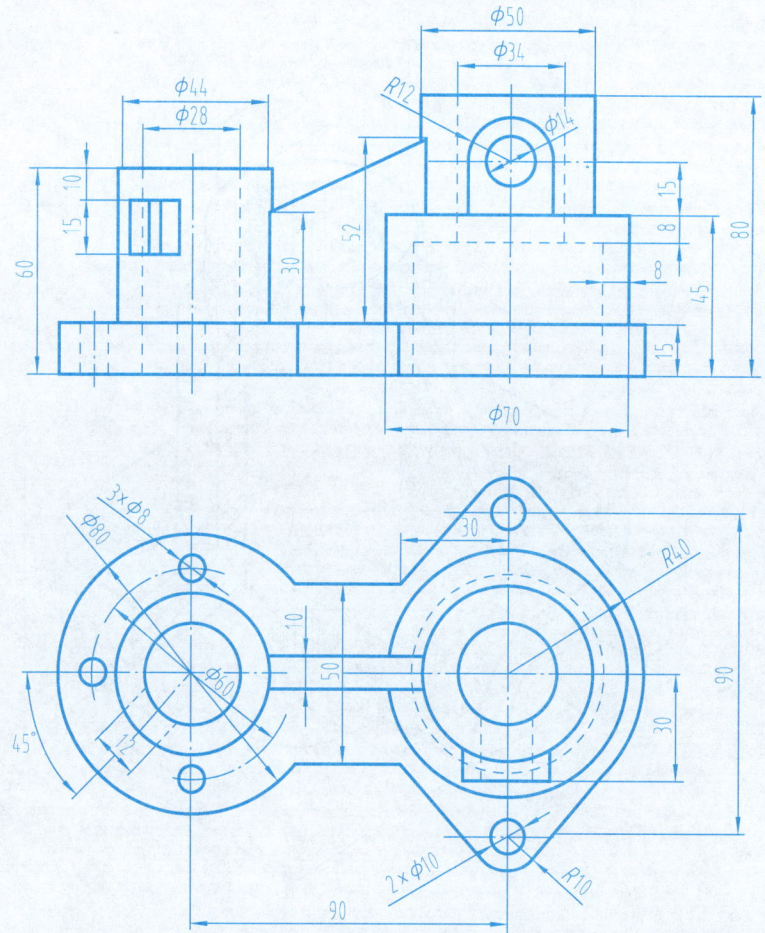

6-20 机件表达方法综合应用。

1.

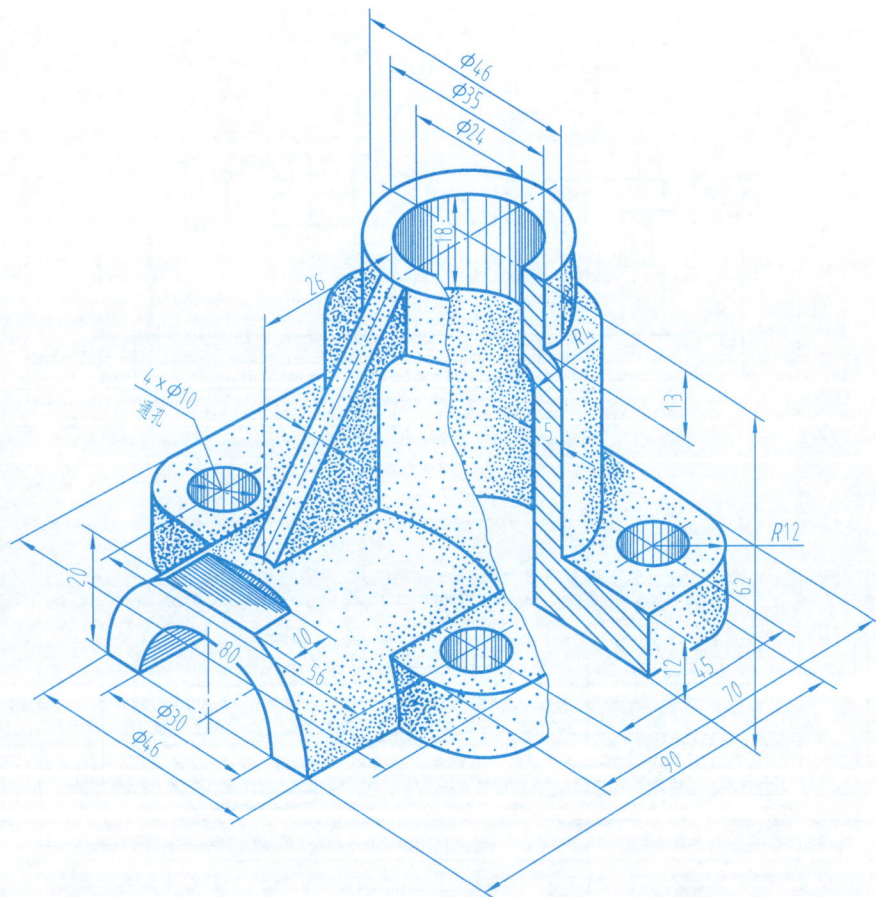

2.

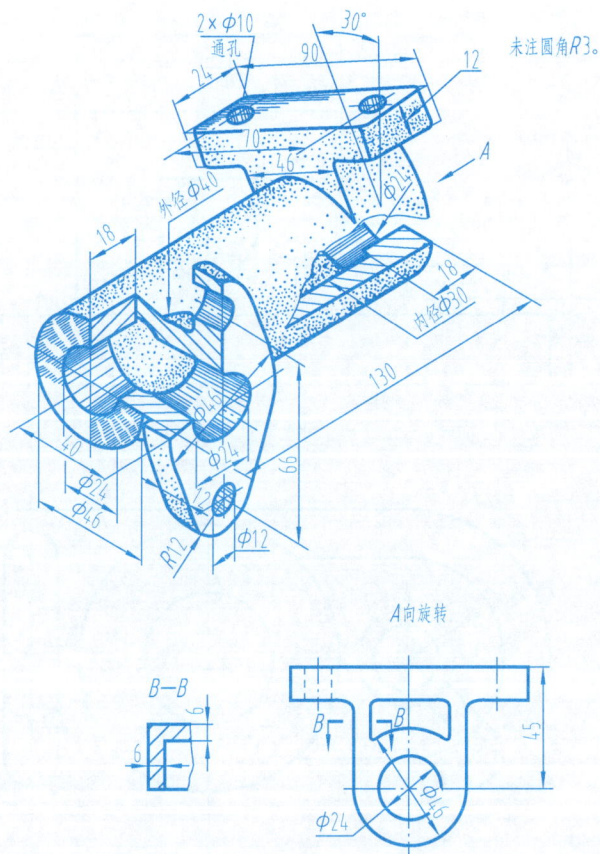

2×φ10
通孔
30°
90
12
未注圆角R3。
24
70
46
外径φ40
18
A
内径φ30
18
40
φ24
φ46
R12
φ12
130
66

A向旋转

B—B

φ24
φ46
45

第7章　标准件、齿轮和弹簧

螺纹及螺纹连接件	班级：	姓名：	学号：	审核：

7-1　画出螺纹，并在视图上标注螺纹的规定代号。

1. 普通粗牙螺纹，大径 20mm，螺距 2.5mm，螺纹长度 40mm，中径和大径公差带代号为 5g，中等旋合长度。

2. 梯形螺纹，大径 20mm，导程 8mm，线数为 2，左旋，螺纹长度 40mm。

3. 细牙普通螺纹，大径 18mm，螺距 1mm，螺纹长度 26mm，公差代号为 7H。

4. 非螺纹密封的管螺纹，尺寸代号为 3/4，公差等级为 B 级，左旋，螺纹长度为 35mm。

7-2 标注螺纹。

1. M20-5g6g   2. G1/2   3. M20-7H   4. Rc3/4

 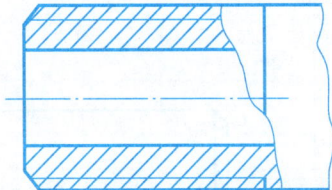 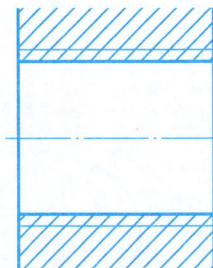 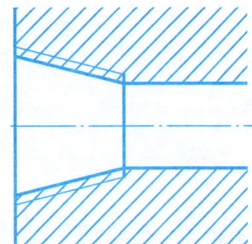

7-3 识别螺纹标记中各代号的意义，并填表。

螺纹标记	螺纹种类	大径	导程	螺距	线数	旋向	中径公差带	顶径公差带	旋合长度
M20LH-6H									
M20×1.5-6g7g									
M36×2.5 LH-6H-S									
G3/8									
G1/2-LH									
Tr40×14（P7）-8e									
Tr40×7-7II									

7-4 检查图中画法的错误，按正确画法画在下面。

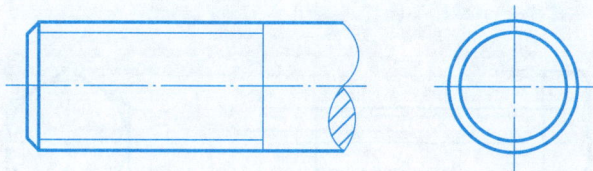

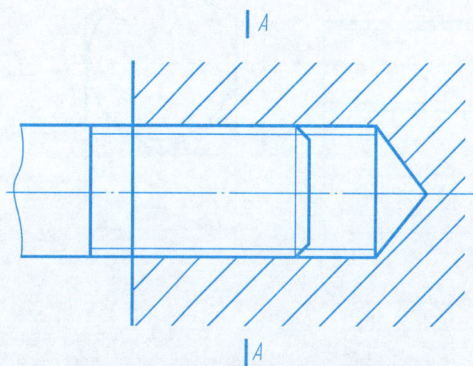

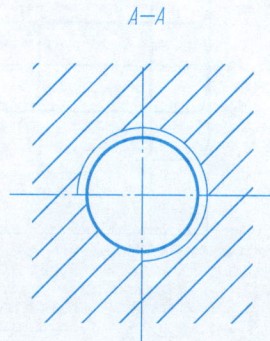

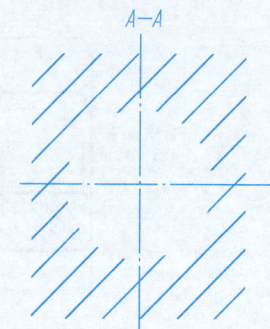

A	$A-A$
A	$A-A$

7-5　查表确定各连接件的尺寸，并写出规定标记。

1. 六角头螺栓—C级

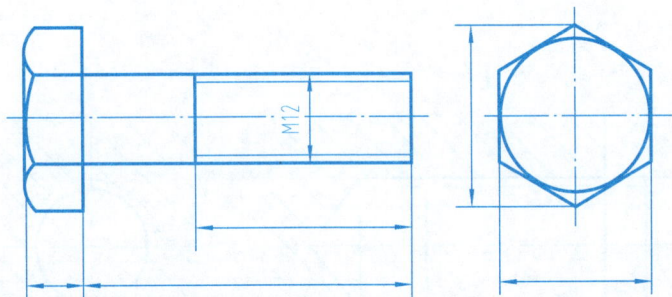

规定标记_____

2. 六角头螺栓—全螺纹—C级

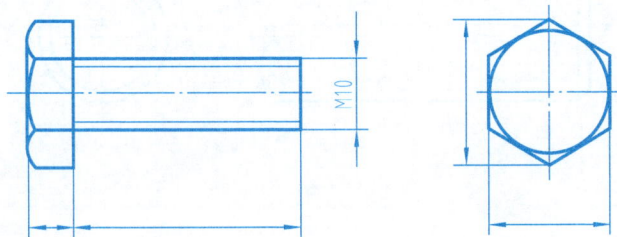

规定标记_____

3. I型六角螺母—A级

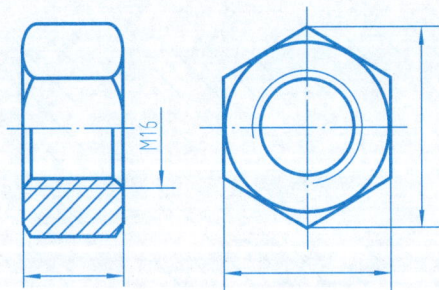

规定标记_____

4. 双头螺柱（B型，$b_m = 1.25d$）

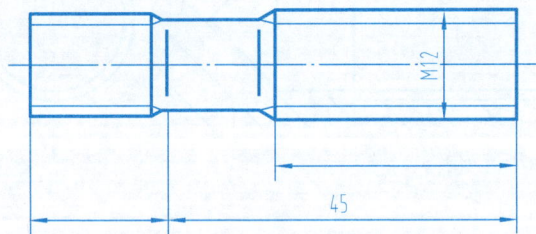

45

规定标记_____

7-6 补全螺栓连接视图中所缺的图线。

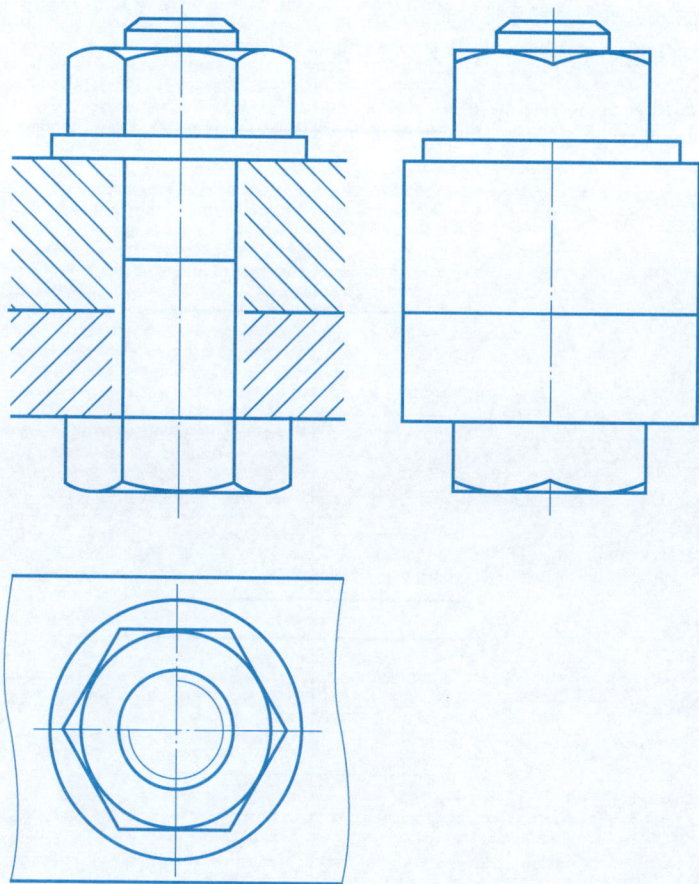

7-7 分析螺钉连接的错误，将正确的图形画在右面。

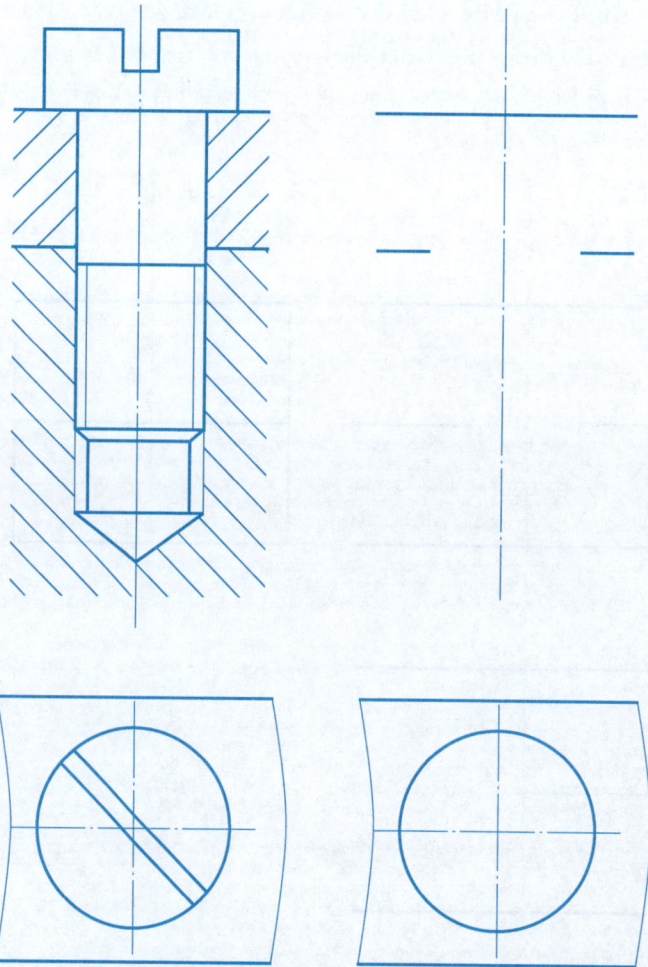

螺纹及螺纹连接件	班级：	姓名：	学号：	审核：

7-8 绘制螺栓连接的三视图，并写出标记。

用螺栓 GB/T 5780 M16×l 连接两块钢板，已知板厚 $t_1=t_2=16$mm，螺母 GB/T 6170 M16，垫圈 GB/T 97.1 16。用比例画法画螺栓连接装配图（画图比例 1:1），主视图取全剖，俯视和左视画外形。写出螺栓的正确标记（l 计算后取标准值）。

螺栓的标记：_____

7-9 绘制螺钉连接的视图，并写出标记。

用开槽沉头螺钉 GB/T 68 M8×l 连接零件1（板厚 $t=12$）和零件2（材料为铸铁）。用比例画法画出螺钉连接装配图，主视图取全剖，俯视图画外形（画图比例 2:1），写出螺钉的正确标记（l 计算后取标准值）。

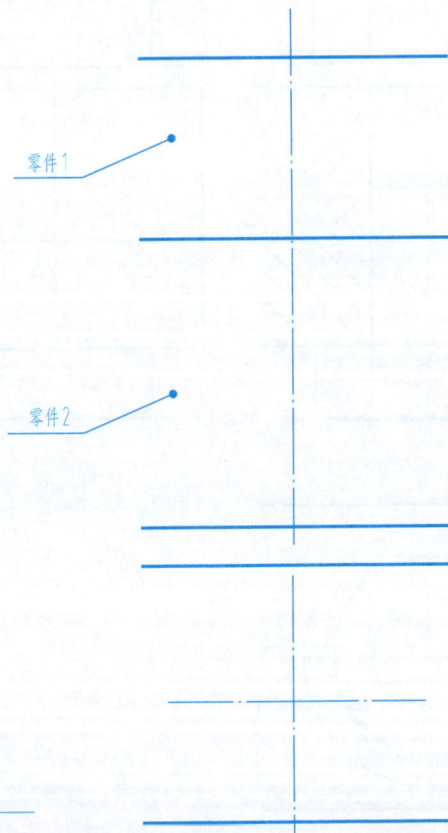

零件1

零件2

螺钉的标记：

螺纹及螺纹连接件	班级：	姓名：	学号：	审核：

7-10 用简化画法画出螺纹连接的三视图，螺母画在上方，比例 1∶1。

1. 画螺栓连接的三视图（主视图取全剖）。螺栓 GB/T 5782—2000 M20× l；螺母 GB/T 6170—2000 M20；垫圈 GB/T 97.1—2000 20‐140HV；$t_1 =$ 20，$t_2 = 25$。

2. 画双头螺柱的连接图，主视图画成全剖视。螺柱 GB/T 898—88 M20× l；螺母 GB/T 6170—2000 M20；垫圈 GB/T 93—87 20；光孔件厚度 $t = 20$mm。

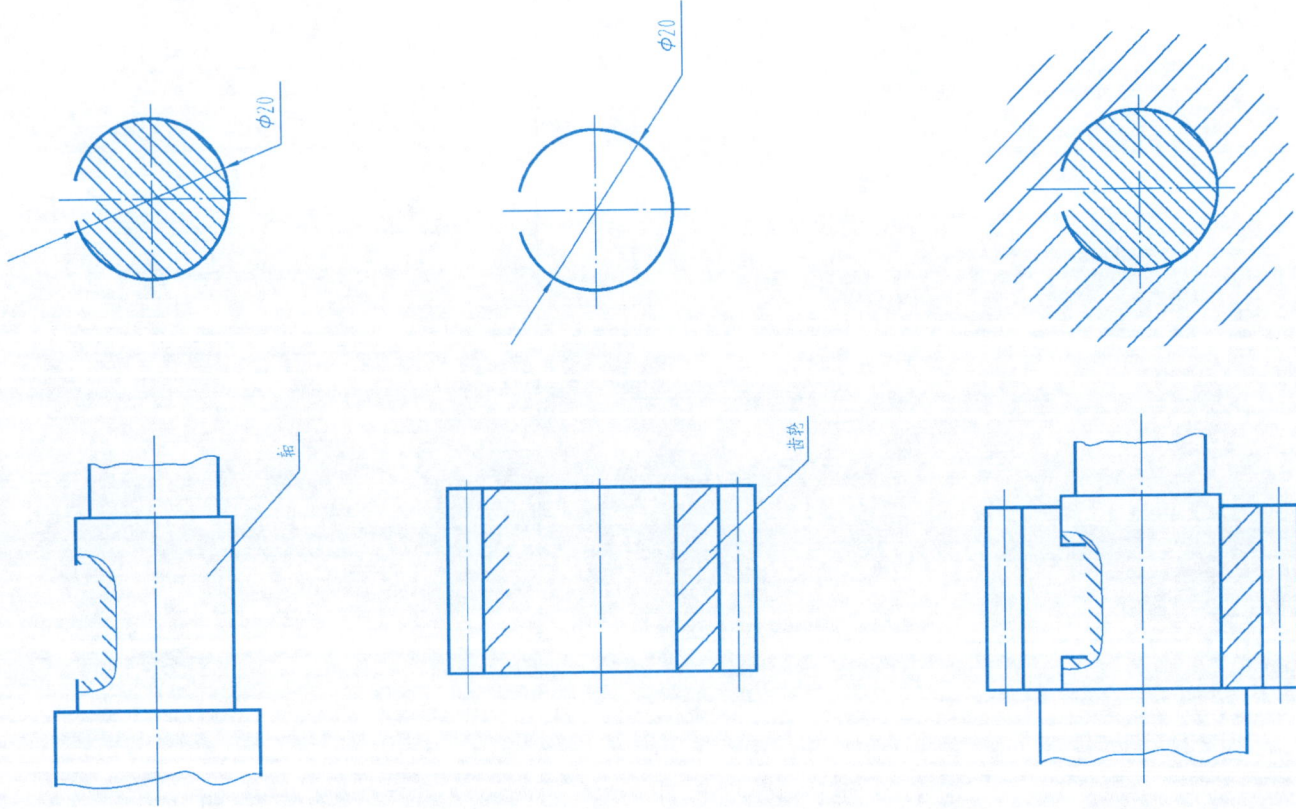

7-11 键连接。

已知齿轮和轴，用 A 型普通平键连接，轴孔直径为 20mm，键的长度为 14mm。

查表确定键和键槽的尺寸，补全轴和齿轮的图形，并标注键槽的尺寸；

1. 写出键的规定标记；

2. 用键将轴和齿轮连接起来，补全其连接图形。

键的标记

Φ20

Φ20

轴

齿轮

销连接	班级：	姓名：	学号：	审核：

7-12 销连接。

1. 图（a）为轴、齿轮和销的视图，用销（GB/T 119.1 5 m5×30）连接轴和齿轮的装配图（b）。

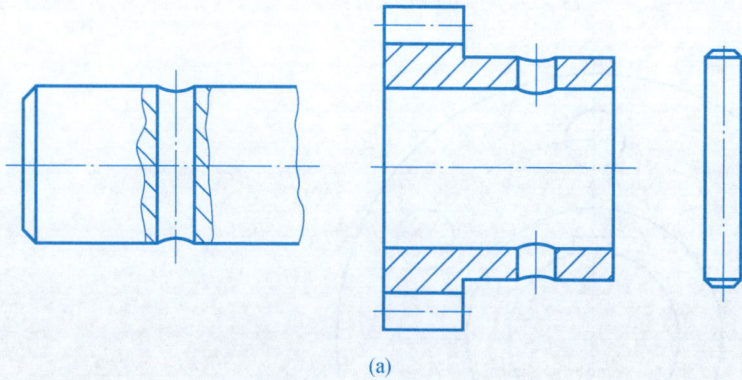

(a)

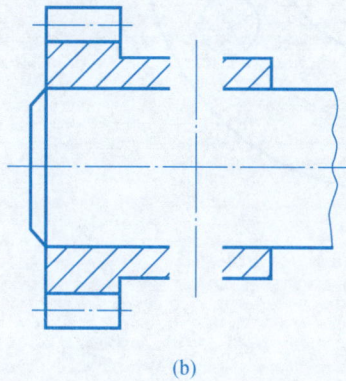

(b)

2. 用 1:1 的比例，画全 $d=6$mm、A 型圆锥销连接图，并写出销的标记。

销的规定标记：_____

齿轮	班级：	姓名：	学号：	审核：

7-13 补全直齿圆柱齿轮的主视图和左视图，并标注尺寸（$m=3$，$z=30$）。

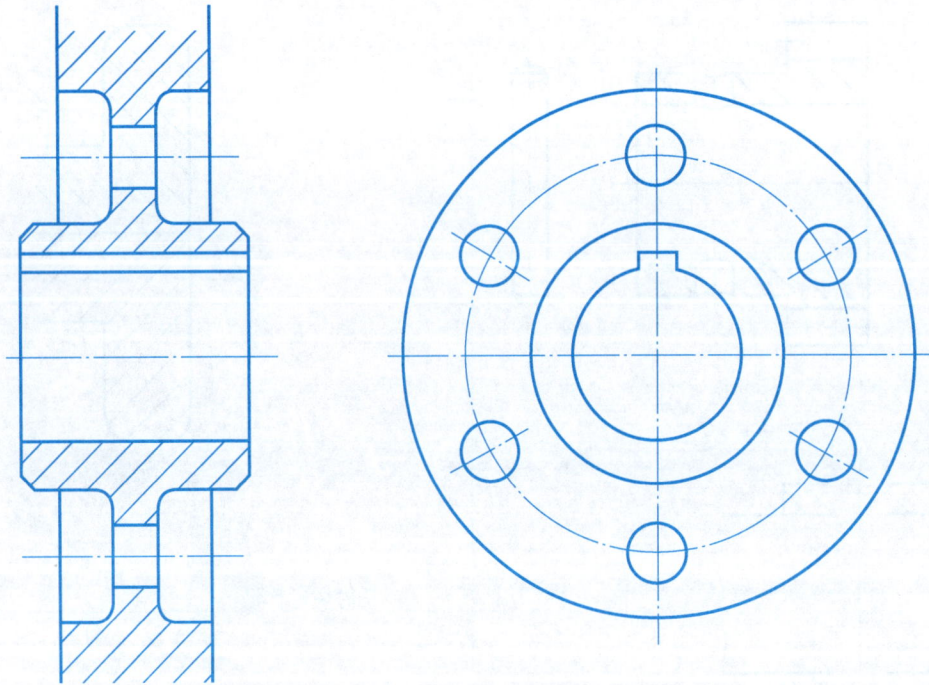

| 滚动轴承 | 班级： | 姓名： | 学号： | 审核： |

7-14 用特征画法（画在轴的上方）和规定画法（画在轴的下方）绘制滚动轴承。

| 滚动轴承 6305 GB/T 276—1994 | 滚动轴承 30306 GB/T 297—1994 | 滚动轴承 51208 GB/T 301—1995 |

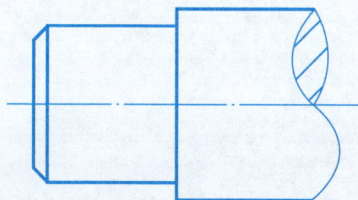

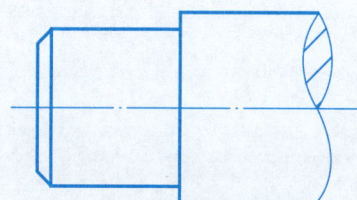

第8章 零件图

零件图	班级：	姓名：	学号：	审核：

8-1 根据轴测图（均为通孔）用合适的比例画出零件草图，并标注尺寸和表面粗糙度代号。

1. 导向支架（上下和前后结构对称）。	2. 滑轮架（左右和前后结构对称）。
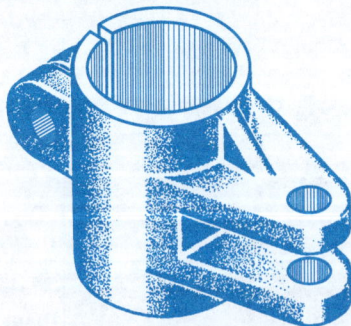	

8－2　尺寸标注。

1. 分析图中尺寸标注的错误。

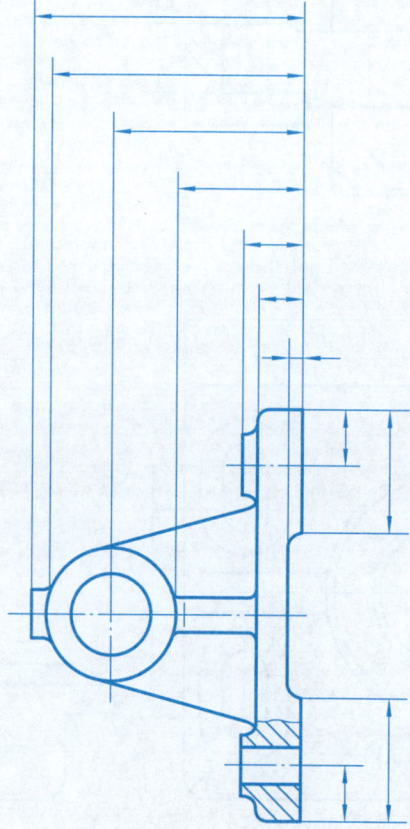

2. 标注支架零件图的尺寸。

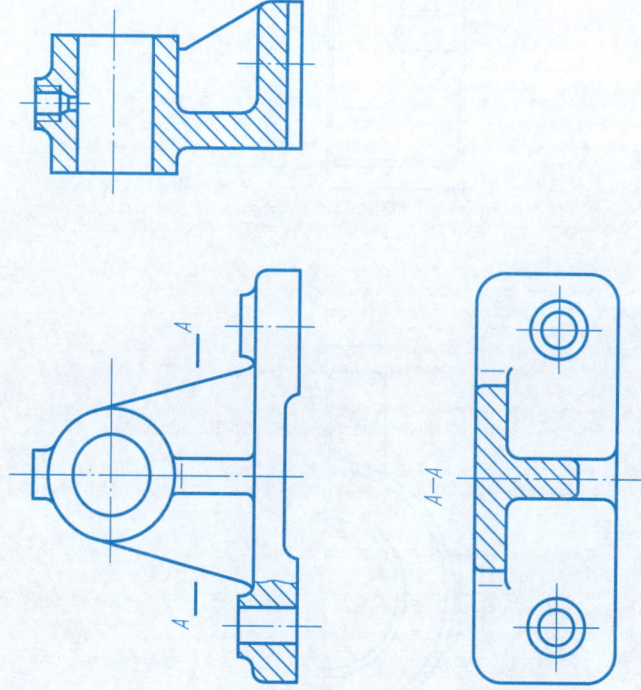

A—A

零件图	班级:	姓名:	学号:	审核:

8－3 识读一对轴承座、盖的零件图，并补画所缺的尺寸（注意相关尺寸的一致性）。

1.

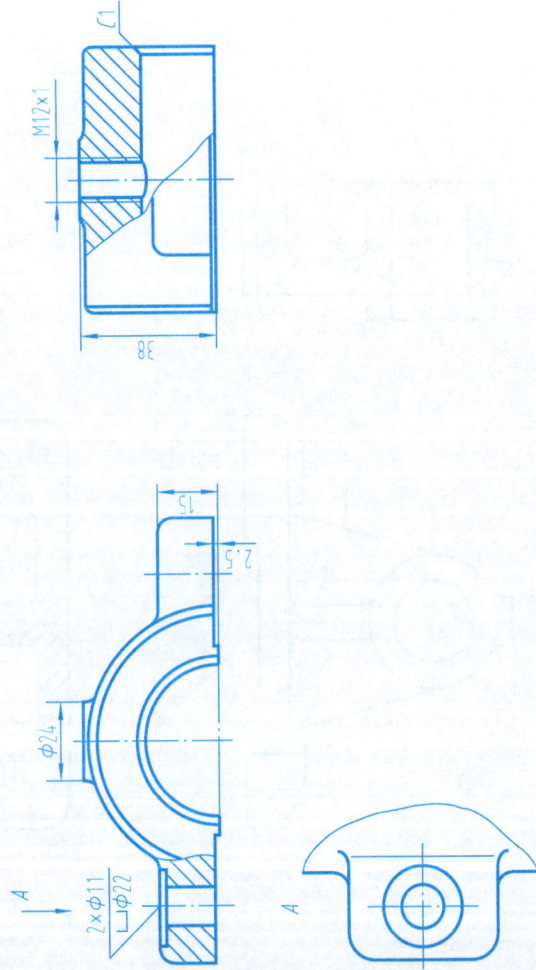

2.

82

8-4　表面粗糙度（参数 Ra 的数值均为上限值，单位 μm）。

1. 在下图的各个表面上均标注同一粗糙度代号（Ra 为 1.6）。

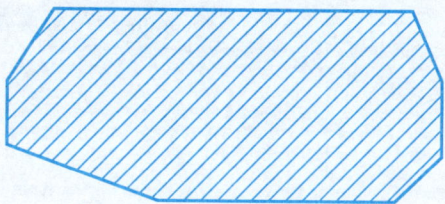

2. 按要求标注零件表面的粗糙度代号。

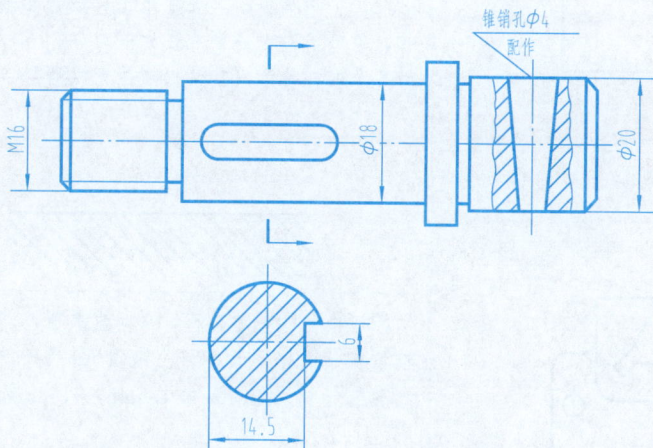

锥销孔 $\phi4$
配作

M16

$\phi18$

$\phi20$

14.5

6

(1) $\phi20$、$\phi18$ 圆柱面 Ra 值为 1.6。

(2) M16 螺纹工作表面 Ra 值为 3.2。

(3) 销孔内表面 Ra 值为 3.2。

(4) 键槽两侧面 Ra 值为 3.2，键槽底面 Ra 值为 6.3。

(5) 其余表面 Ra 值为 12.5。

3. 按要求标注零件表面的粗糙度代号。

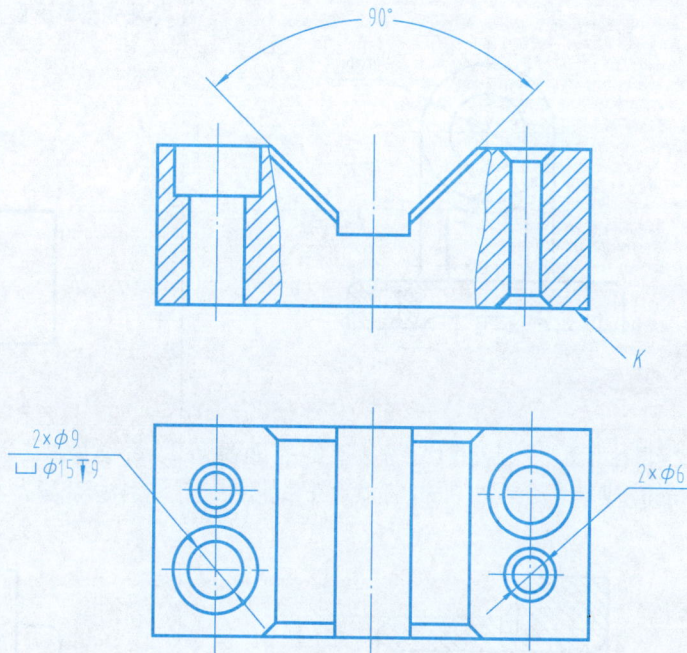

90°

K

$2\times\phi9$

$\sqcup\phi15\downarrow9$

$2\times\phi6$

(1) 90° V 形槽两工作面的 Ra 值为 0.8。

(2) 底面 K 的 Ra 值为 1.6。

(3) 两个 $\phi6$ 销孔，Ra 值为 3.2。

(4) 两组 $\phi9$ 圆柱头沉孔，各表面的 Ra 值为 25。

(5) 其余表面的 Ra 值为 12.5。

零件图	班级：	姓名：	学号：	审核：

8-5 按要求标注零件的表面粗糙度代号。

1. 表面结构要求的 Ra 值：$\phi30$ 孔为 $3.2\mu m$，$\phi9$ 孔为 $2.5\mu m$，其余为铸造表面。

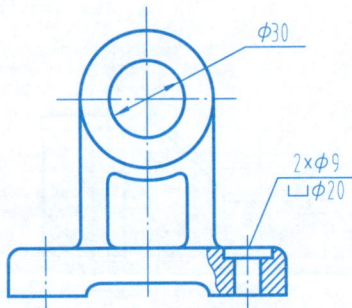

$\phi30$

$2\times\phi9$
$\sqcup\phi20$

2. 圆柱、圆孔表面及螺纹工作表面的 Ra 值均为 $6.3\mu m$，其余表面为 $12.5\mu m$，用简化注法标注。

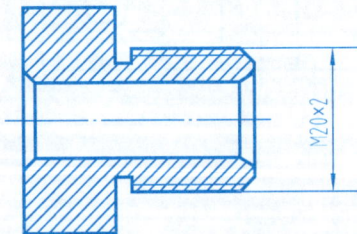

$M20\times2$

3. 下图中成封闭轮廓各表面的 Ra 值均为 $3.2\mu m$，试用代号将其标注在图上。如果图示零件所有表面的 Ra 值均为 $6.3\mu m$，试用简化代号将其标注在图的下面。

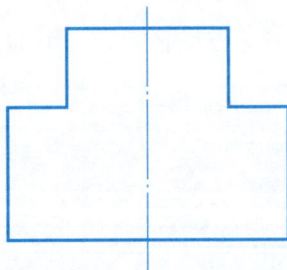

4. 燕尾槽工作表面的两侧面和上表面需铲刮，铲刮后 Ra 值为 $3.2\mu m$。

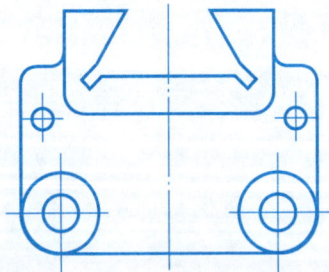

5. 按要求对给出表面注写粗糙度代号。

(1) 去除材料，单项上限值，默认传输带，R 轮廓，Ra 为 $6.3\mu m$，评定长度为 5 个取样长度（默认），"16％规则"（默认）。

(2) 去除材料，单项上限值，默认传输带，R 轮廓，粗糙度最大高度的最大值为 $0.8\mu m$，评定长度为 5 个取样长度（默认），"最大规则"。

(3) 不允许去除材料，双向极限值，均为默认传输带和默认评定长度。上限值 Ra 为 $6.3\mu m$，"最大规则"；下限值 Ra 为 $1.6\mu m$，"16％规则"。

8-6 极限与配合基本知识练习（一）。

1. 根据下图中的标注，填写右表（只填其数值）。

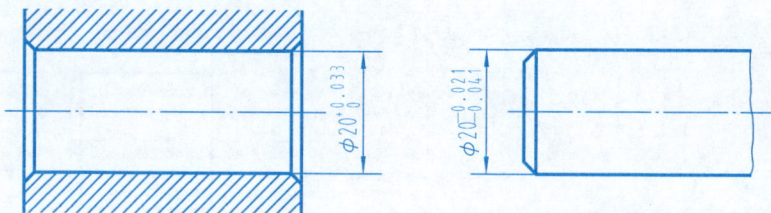

孔或轴 名称	孔	轴
基本尺寸		
最大极限尺寸		
最小极限尺寸		
上偏差		
下偏差		
公差		

2. 根据孔、轴的极限偏差，直接判定其配合类别，画出其公差带图（孔画剖面线，轴涂黑），列式计算出最大、最小间隙或过盈。

孔：$\phi 120^{+0.087}_{0}$ 轴：$\phi 120^{-0.120}_{-0.207}$　　（　　）配合	孔公差带　　轴公差带 $+$ 0 $-$	最大（间隙、过盈）＝ 最小（间隙、过盈）＝
孔：$\phi 50^{+0.025}_{0}$ 轴：$\phi 50^{+0.018}_{+0.002}$　　（　　）配合	$+$ 0 $-$	最大（间隙、过盈）＝ 最小（间隙、过盈）＝
孔：$\phi 100^{-0.058}_{-0.093}$ 轴：$\phi 100^{0}_{-0.022}$　　（　　）配合	$+$ 0 $-$	最大（间隙、过盈）＝ 最小（间隙、过盈）＝

| 零件图 | 班级： | 姓名： | 学号： | 审核： |

8-6 极限与配合基本知识练习（二）。

3. 改错，将正确注法填写在尺寸线上。

(1) $\phi 40_{-0.05}$

(2) $\phi 50 \left({}^{-0.31}_{-0.7} \right)$

(3) $\phi 30 \pm 0.008$

(4) $\phi 30^{+0.021}_{0}$ (H7)

4. 查表，将极限偏差数值填入括号内。

(1) $\phi 30H8$ （　　　　　）

(2) $\phi 60JS7$ （　　　　　）

(3) $\phi 25m6$ （　　　　　）

(4) $\phi 40f7$ （　　　　　）

5. 查表，将公差带代号填在规定处。

孔
$\begin{cases} \phi 70 & (\pm 0.015) \\ \\ \phi 20 & \left({}^{+0.006}_{-0.015} \right) \end{cases}$

轴
$\begin{cases} \phi 30 & \left({}^{-0.020}_{-0.041} \right) \\ \\ \phi 35 & \left({}^{+0.018}_{+0.002} \right) \end{cases}$

6. 识读下列两种配合代号的注法。

(1) 滚动轴承的内圈与轴配合，应采用基孔制，只标注轴的公差带代号。轴承外圈与零件孔配合，应采用基轴制，只标注孔的公差代号，如下图所示。

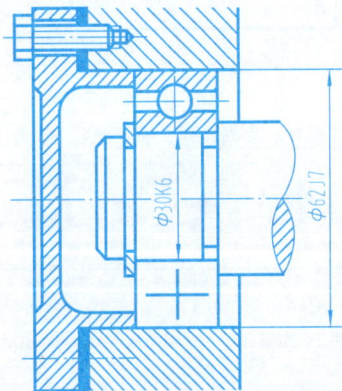

$\phi 30K6$　$\phi 62.17$

(2) "孔"、"轴"的内、外表面，也包括非圆柱形的内、外表面（包容面、非包容面），其配合代号的注法，如下图所示。

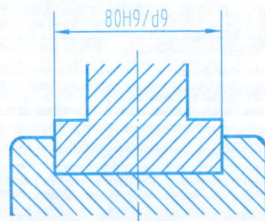

$80H9/d9$

7. 根据零件图的标注，在装配图上注出配合代号，并回答问题。

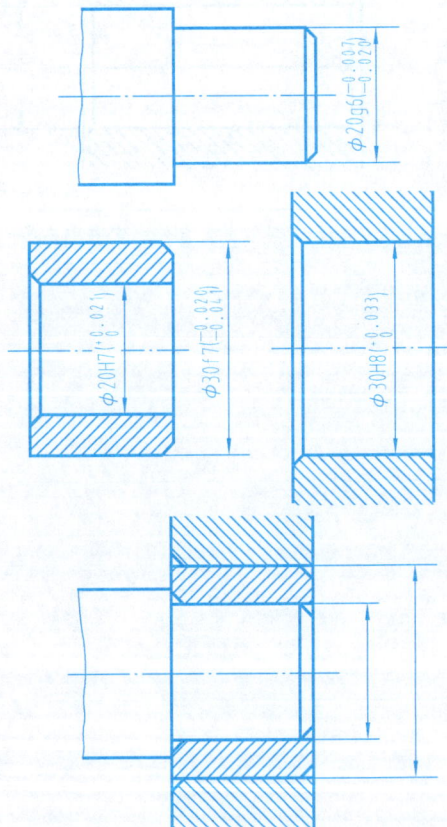

$\phi 20g5 \left({}^{-0.007}_{-0.020} \right)$

$\phi 20H7 \left({}^{+0.021}_{0} \right)$　$\phi 30f7 \left({}^{-0.020}_{-0.041} \right)$　$\phi 30H8 \left({}^{+0.033}_{0} \right)$

轴与轴套孔是＿＿＿＿制＿＿＿＿配合；
轴套与零件孔是＿＿＿＿制＿＿＿＿配合。

8-7 极限与配合的标注。

1. 根据孔、轴的极限偏差，查表确定其公差带代号（写在基本尺寸后的空白处），并标注（在零件图上分别按三种形式标注，在装配图上只注配合代号）。

孔:$\Phi100(^{+0.058}_{-0.093})$

轴:$\Phi100(^{0}_{-0.022})$

孔:$\Phi50(^{+0.025}_{0})$

轴:$\Phi50(^{-0.018}_{-0.027})$

孔:$\Phi120(^{+0.087}_{0})$

轴:$\Phi120(^{-0.120}_{-0.207})$

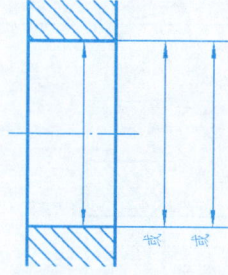
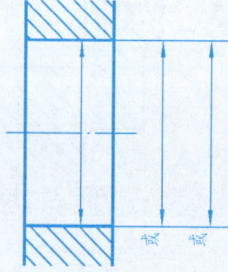
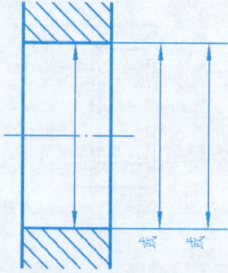
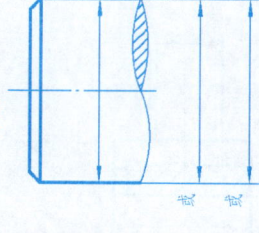
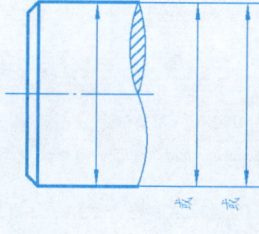
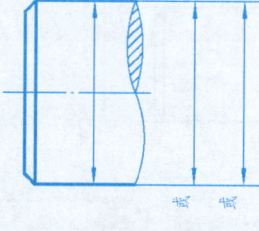

或

或

2. 分析上面孔、轴公差带之间的关系，再与下面的配合示意图对号入座（将其配合代号填入在括号内），并回答问题。

基本尺寸
（ ） 制 配合

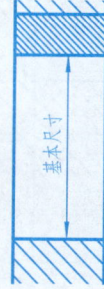
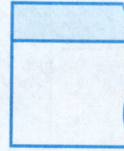
基本尺寸
（ ） 制 配合

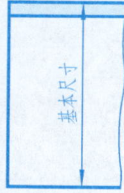
基本尺寸
（ ） 制 配合

8-8 按照装配图上给定的配合代号查表，分别在零件图上注出其基本尺寸、公差带代号及上、下偏差数值。

$\phi 16 \dfrac{F8}{h8}$ $\phi 16 \dfrac{D9}{h8}$ $\phi 22 \dfrac{H7}{K6}$

$20 \dfrac{H11}{C11}$

零件图	班级：	姓名：	学号：	审核：

8-9 说明形位公差的含义。

1. 填空解释下图中所注形位公差的含义。

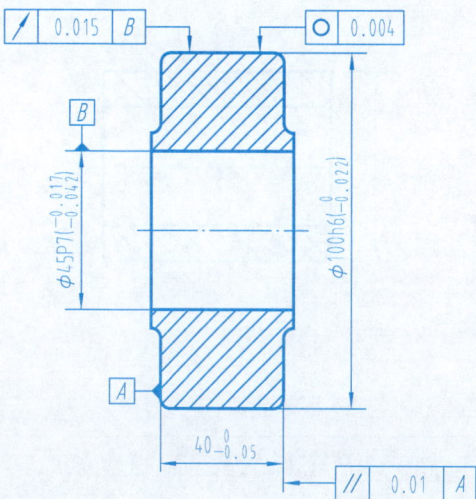

$\boxed{\diagup}\ \boxed{0.015}\ \boxed{B}$ 表示 $\phi100h6$ _____ 面对以 $\phi45P7$ 圆孔 _____ 为 _____ 的 _____ 向 _____ 公差为 _____ 。

$\boxed{\bigcirc}\ \boxed{0.004}$ 表示 $\phi100h6$ _____ 面的 _____ 公差为 _____ 。

$\boxed{\varparallel}\ \boxed{0.01}\ \boxed{A}$ 表示高 40 圆柱 _____ 端面对以该圆柱 _____ 端面为 _____ 的 _____ 公差为 _____ 。

2. 填空说明图中所注形位公差的含义。

(1)

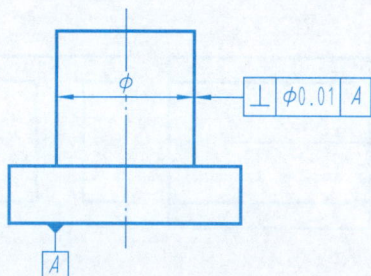

被测要素为 _____ ；

基准要素 A 为 _____ ；

_____ 公差为 _____ 。

(2)

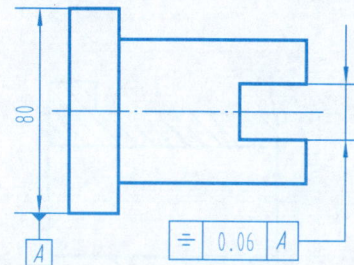

被测要素为 _____ ；

基准要素 A 为 _____ ；

_____ 公差为 _____ 。

(3)

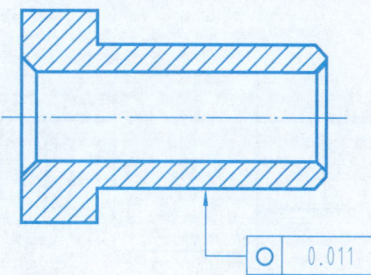

被测要素为 _____ ；

_____ 公差为 _____ 。

(4)

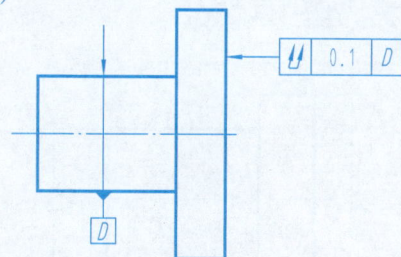

被测要素为 _____ ；

基准要素 D 为 _____ ；

_____ 公差为 _____ 。

| 零件图 | 班级： | 姓名： | 学号： | 审核： |

8-10 标注形位公差。

1. φ50 圆柱面素线的直线度公差为 0.012。

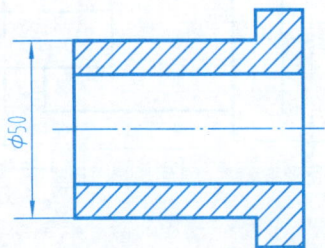

2. 顶面的平面度公差为 0.05。

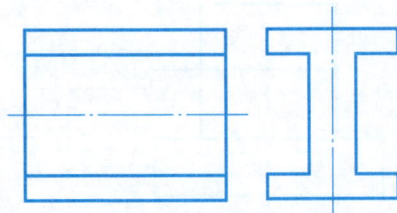

3. φ54 圆柱面的圆柱度公差为 0.1。

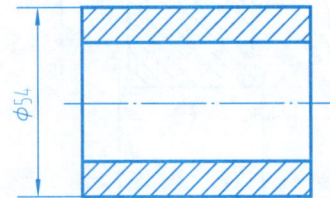

4. φ62 圆柱左端面对 φ45 轴线的垂直度公差为 0.08。

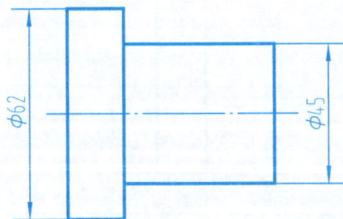

5. φ48 圆柱表面对两端 φ24 公共轴线的径向圆跳动公差为 0.05。

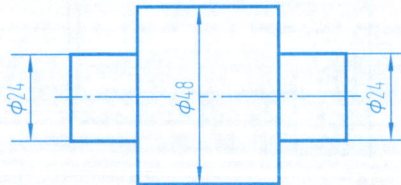

6. φ20 孔轴线对底面的平行度公差为 0.08。

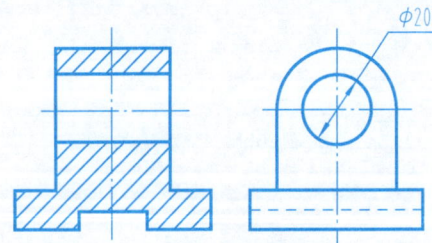

8-11 零件测绘。

一、零件测绘

（一）作业目的

1. 熟悉和掌握零件测绘的方法及步骤。

2. 训练独立选择零件表达方案、标注尺寸和注写技术要求的能力。

（二）内容与要求

1. 测绘两个零件，并完成其零件草图。

2. 每张草图应各画在 A3 图纸或坐标纸上。

3. 测绘的对象可为单个零件，也可选用后续部件测绘时所用部件中的某些零件。

4. 所绘草图内容完整、符合要求。

（三）注意事项

1. 零件测绘应认真，不得潦草。

2. 测绘步骤应清晰，选择视图、标注尺寸、注写技术要求应依次进行。

3. 选择视图表达方案应在草纸上进行，最好多选几组方案，从中选优。

4. 标注尺寸时，应先选定尺寸基准，再按形体分析法确定并标注定形、定位和总体尺寸；要注意与相关零件尺寸协调一致；先集中画出所有的尺寸线、尺寸界线和箭头，再逐一测量、填写尺寸数字。

5. 零件上标准结构要素（如螺纹、键槽、销孔等），应查表予以标准化。

6. 草图完成后要认真检查，及时纠正错、漏之处。

二、由零件草图绘制零件工作图

（一）作业目的

1. 熟悉和掌握由零件草图绘制零件工作图的方法及步骤。

2. 综合运用学过的知识，提高绘制生产中实用零件图的能力。

（二）内容与要求

1. 根据测绘出的两张零件草图，绘制两张完整的零件工作图。

2. 每张图均用 A3 图纸绘制。

（三）注意事项

1. 作图时，要以所绘之图一经脱手即将投入生产的心态，严肃、认真、高度负责地进行。

2. 全面调用已学的知识，综合加以应用。

要求所绘的零件图：

（1）要符合标准（如视图画法及其标注、尺寸的标注、技术要求的注写，标准结构的画法、标注以及查表进行标准化等）；

（2）尽量符合生产实际（如工艺结构的合理性，所注尺寸应便于加工和测量，表面粗糙度、尺寸公差、形位公差的选用既能保证零件的质量，又能降低零件的制作成本等）。

为此，要对零件草图进行全面审视。对有问题的地方，要翻看教材、查阅标准中的相关知识或请教他人。

3. 布图合理、图形简洁、尺寸完整、清晰、字迹工整，便于他人看图。

4. 认真填写标题栏。

8-12 识读套筒零件图（要求：补画左视图，在指定位置补画移出断面图，补画 B—B 断面的剖切符号，并回答问题）。

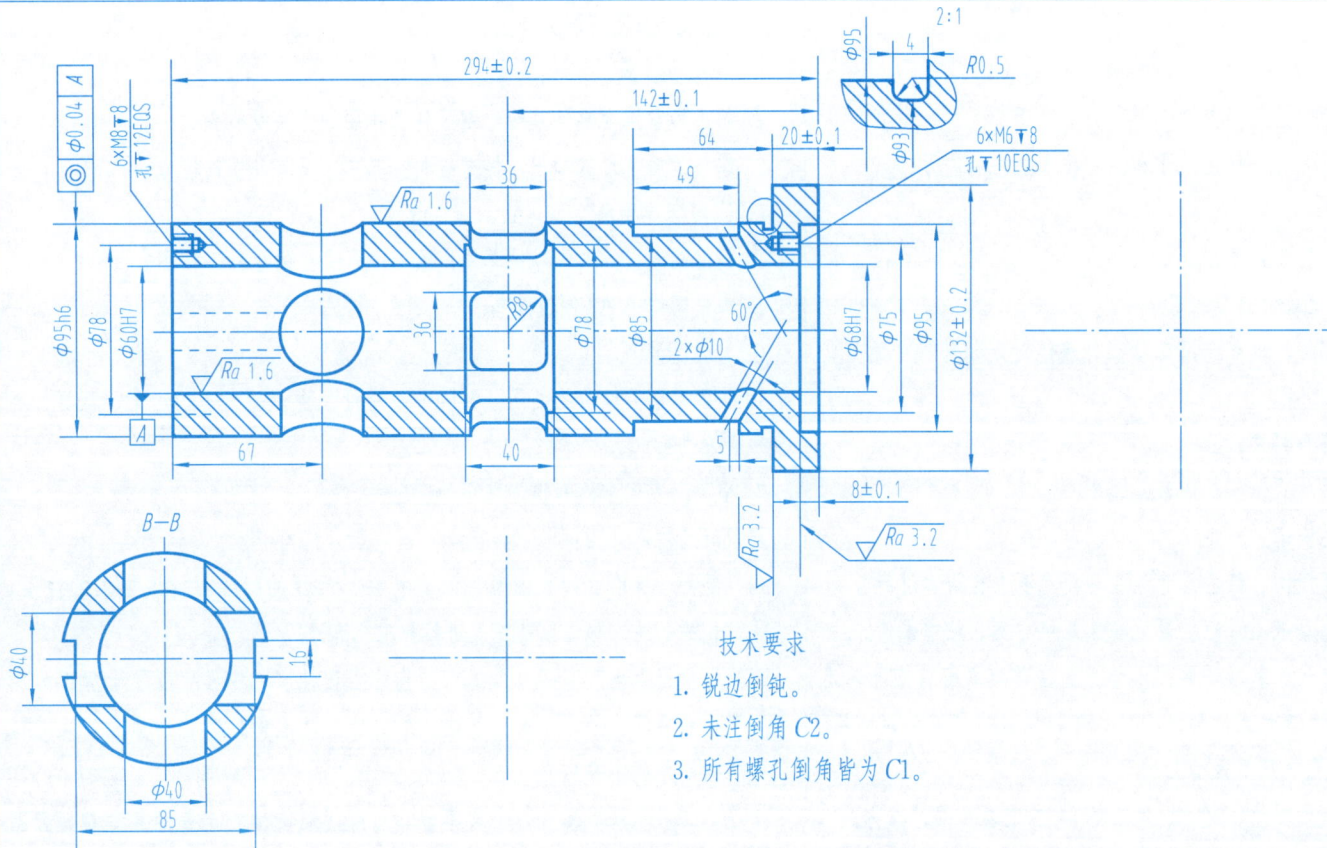

294±0.2

142±0.1

64

20±0.1

2:1

Φ95

4

R0.5

6×M8▼8
孔▼12EQS

Φ0.04 A

36

49

6×M6▼8
孔▼10EQS

Φ93

Ra 1.6

Φ95h6

Φ78

Φ60H7

36

Φ78

Φ78

Φ85

60°

Φ68H7

Φ75

Φ95

Φ132±0.2

Ra 1.6

2×Φ10

A

67

40

5

8±0.1

Ra 3.2

Ra 3.2

B—B

技术要求

Φ10

16

1. 锐边倒钝。

2. 未注倒角 C2。

3. 所有螺孔倒角皆为 C1。

Φ40

85

Ra 12.5 (√)

◎ Φ0.04 A 的含义是：被测要素为_____，

基准要素为_____，此为_____公差，

其值为_____。

套筒	比例	材料	图号
	1：2	45	
制图			
审核			

8-13　识读扳手零件图，画出 A—A 断面图，并回答问题。

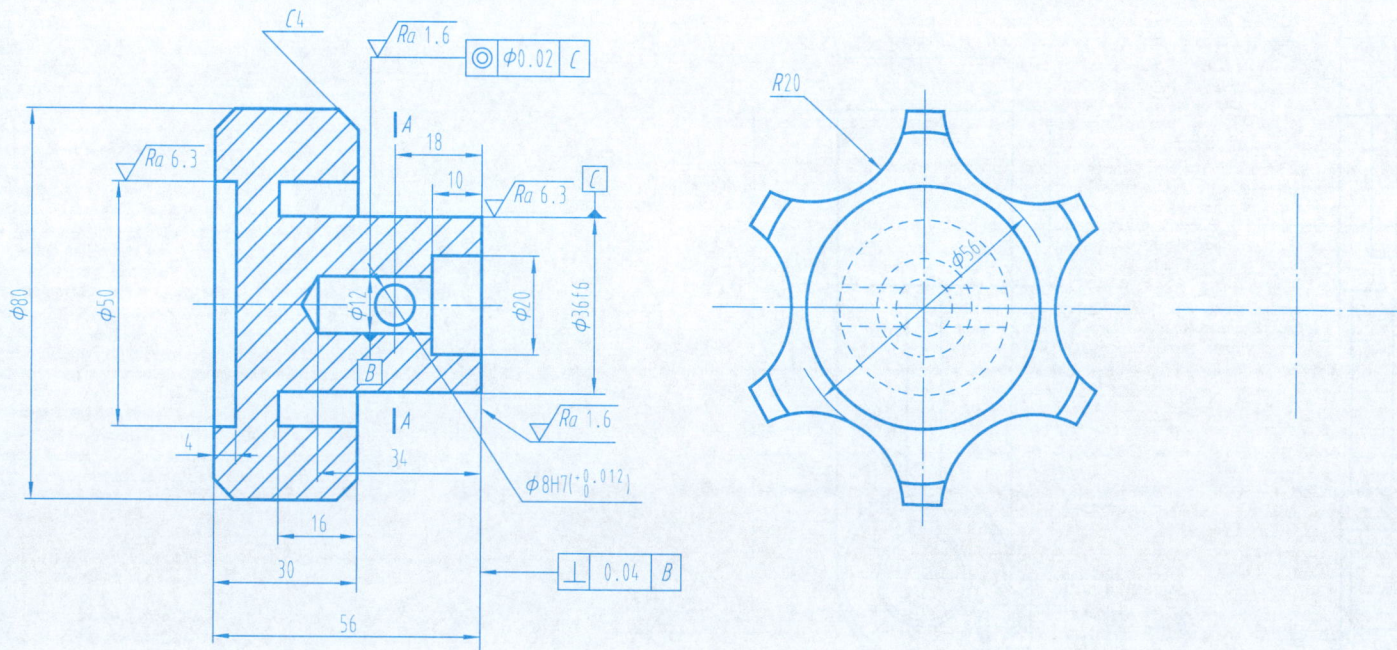

C4
√Ra 1.6
◎ φ0.02 C

√Ra 6.3

A
18
10
C
√Ra 6.3

φ80
φ50
φ12
φ20
φ36f6

B

A
34

√Ra 1.6

4
16
φ8H7($^{+0.012}_{0}$)

30
56

⊥ 0.04 B

R20
φ56

读图要求

1. 该零件的主视图为_____剖视图，也可采用_____剖视图。

2. φ8H7 的含义是_____。

3. 右端面形位公差的含义是_____。

4. 补画 A—A 断面图。

√Ra 3.2 (√)

扳手	比例	材料	图号
	1：1	Q235	
制图			
审核			

8-14 识读拨叉零件图，并回答问题。

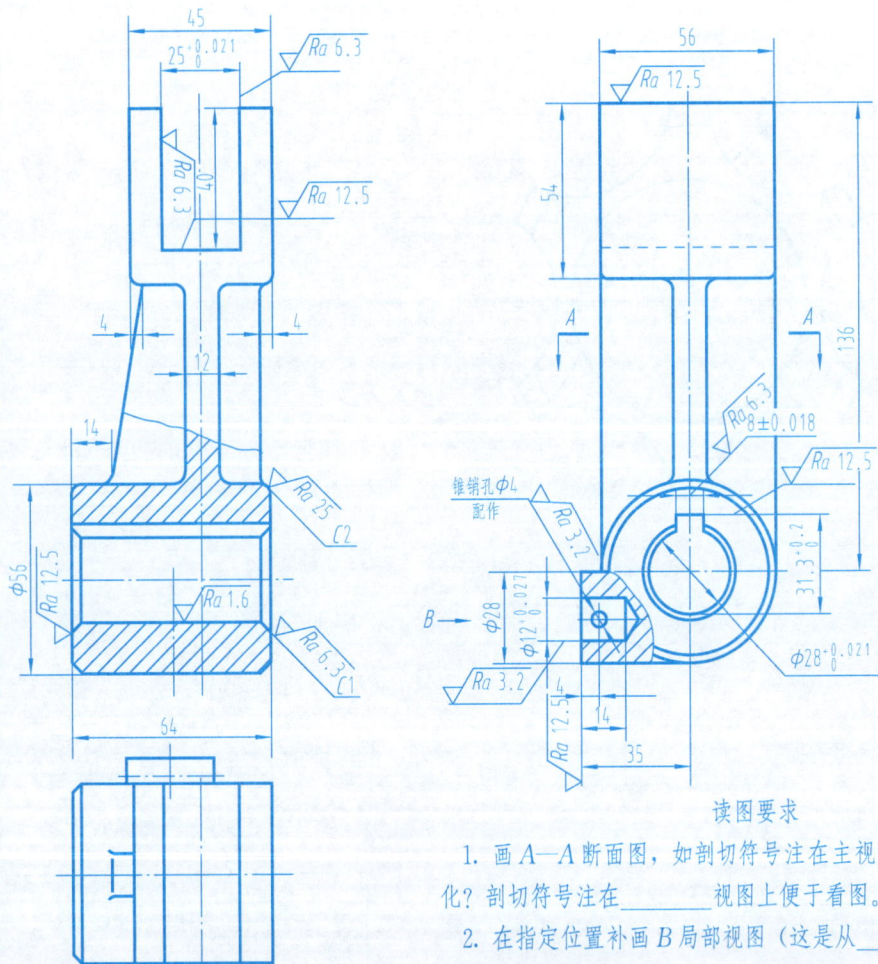

45
25 $^{-0.021}_{0}$
$\sqrt{Ra\ 6.3}$

$Ra\ 6.3$
$\sqrt{Ra\ 12.5}$

4
12
4

14

$Ra\ 25$ C2

$\phi 56$
$\sqrt{Ra\ 12.5}$

$Ra\ 1.6$

$Ra\ 6.3$ C1

64

56
$\sqrt{Ra\ 12.5}$

54

A
A

136

$Ra\ 6.3$
8±0.018

$\sqrt{Ra\ 12.5}$

锥销孔$\phi 4$
配作

$Ra\ 3.2$

B
$\phi 28$
$\phi 12^{-0.027}_{0}$

$Ra\ 3.2$

$Ra\ 12.5$

14
35

31.3 $^{-0.2}_{0}$

$\phi 28^{-0.021}_{0}$

A—A

B

读图要求

1. 画 A—A 断面图，如剖切符号注在主视图上，断面图方位有无变化？剖切符号注在_____视图上便于看图。

2. 在指定位置补画 B 局部视图（这是从_____向_____投射所得的局部视图）。

$\sqrt{(\sqrt{})}$

技术要求
未注圆角皆为 R3。

拨叉		比例	材料	图号
		1：2	HT200	
制图				
审核				

8-15 识读齿轮箱零件图，分析视图表达方法，想象零件形状，熟悉各种标注方法。

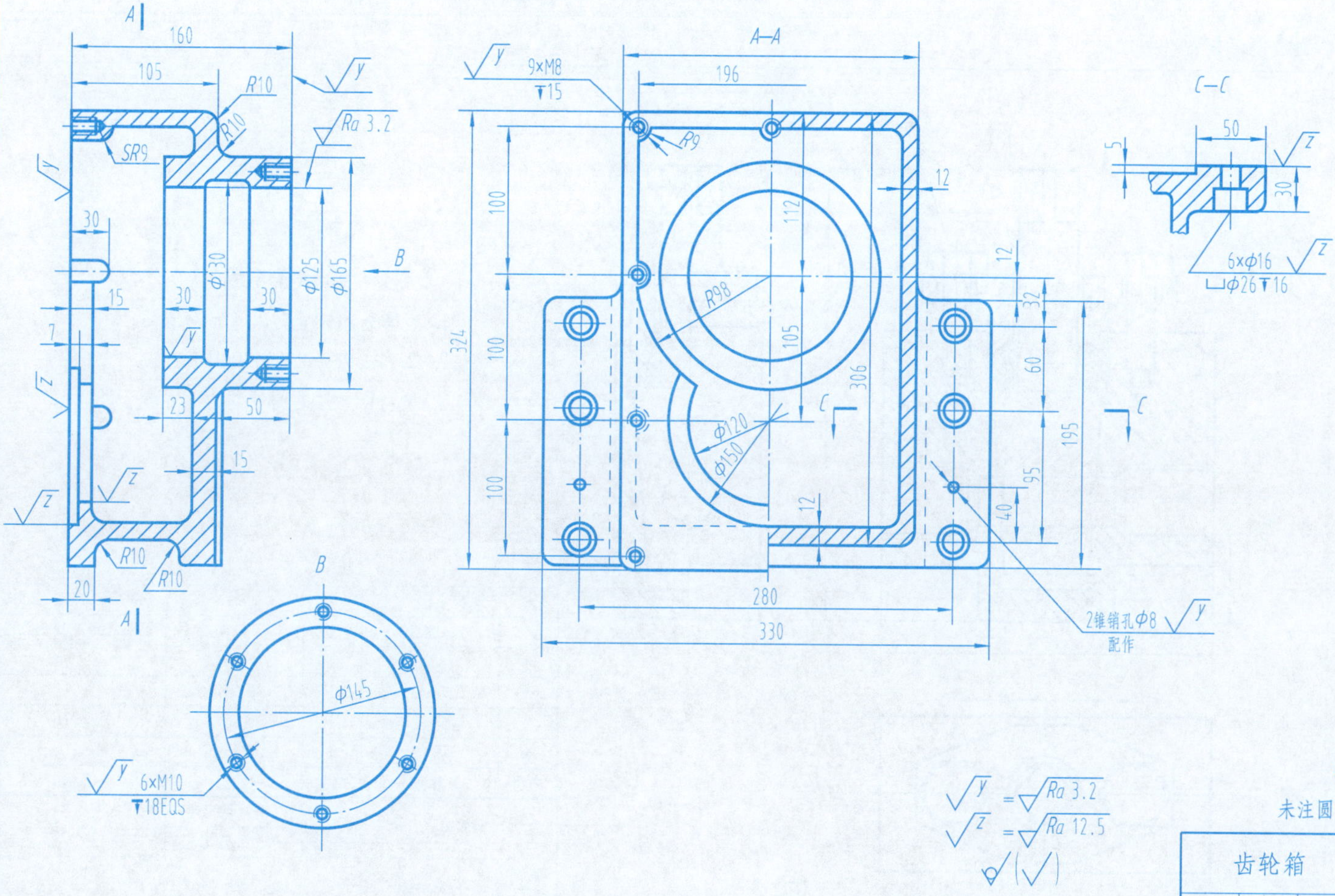

A—A

C—C

9×M8 ▽15

6×φ16 ⌴φ26▼16

2锥销孔φ8 配作

6×M10 ▼18EQS

φ145

技术要求
未注圆角 R3~R5。

$\sqrt{y} = \sqrt{Ra\ 3.2}$
$\sqrt{z} = \sqrt{Ra\ 12.5}$

齿轮箱	比例	材料	图号
	1：4	HT200	
制图			
审核			

第9章 装 配 图

装 配 图	班级:	姓名:	学号:	审核:

9-1 根据零件图抄画旋塞装配图（一）。

旋塞工作原理：旋塞以螺纹连接于管道上作为开关设备，其特点是开关迅速，装配图表明开的位置。开的位置在阀杆顶部开有长槽作为标记，当锥形塞转90°以后，长槽处于和管道垂直位置，表明旋塞已关闭。为了防止泄漏，在阀杆与阀体之间缠上石棉绳，并用压盖压紧。

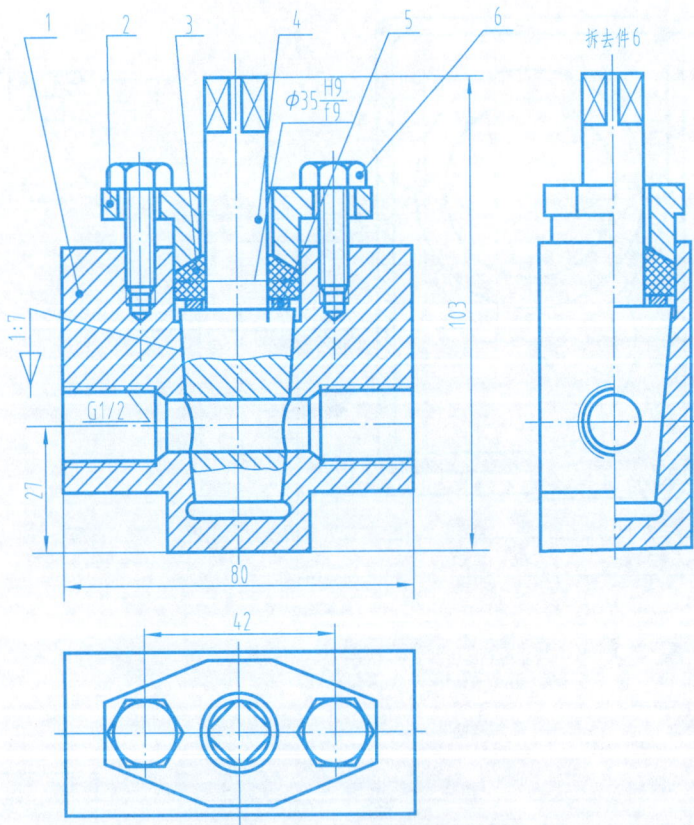

拆去件6

技术要求

1. 旋塞关闭位置时，不得有泄漏。
2. 工作压力为 2.5×10^5 Pa。
3. 填料压紧后的高度约为12mm。

$\phi 35 \frac{H9}{f9}$

G1/2

1:7

103

27

80

42

6	螺钉 M10×40	2		GB/T 5783—2000
5	垫圈 10	1		GB/T 97.1—2002
4	阀杆	1	35	
3	填料	1	石棉绳	
2	填料压盖	1	35	
1	阀体	1	35	
序号	名称	数量	材料	备注

旋塞	比例	1:1	共7张	7-01
	重量		第1张	
制图				
设计				
审核				

9-1　根据零件图抄画旋塞装配图（二）。

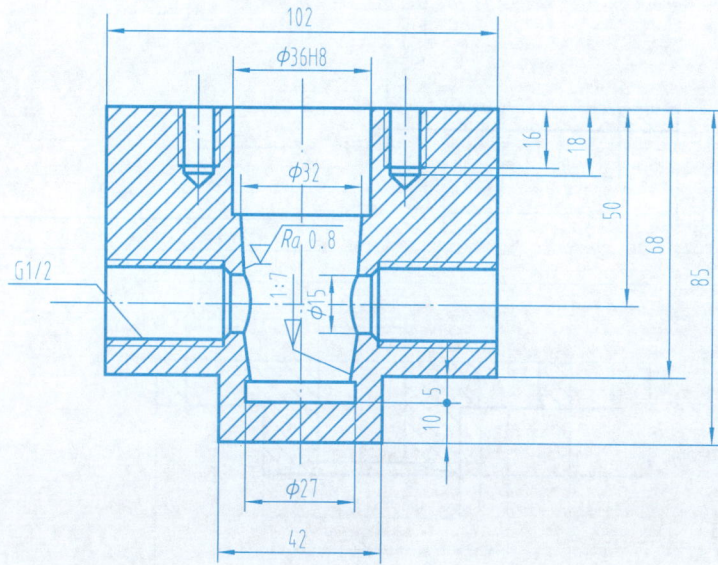

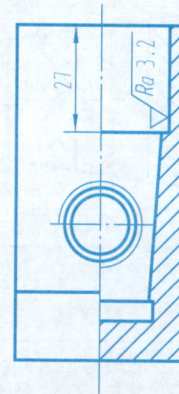

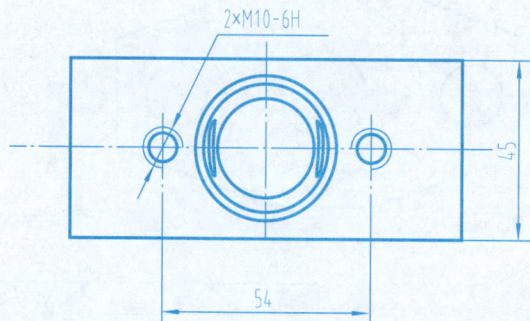

102

Φ36H8

Φ32

Ra 0.8

G1/2

1:7

Φ15

16

18

50

68

85

27

Ra 3.2

10.5

Φ27

42

2×M10-6H

45

54

$\sqrt{Ra\,12.5}\,(\sqrt{\ })$

1	阀体	1	HT200	
序号	零件名称	数量	材料	备注

9-1 根据零件图抄画旋塞装配图（三）。

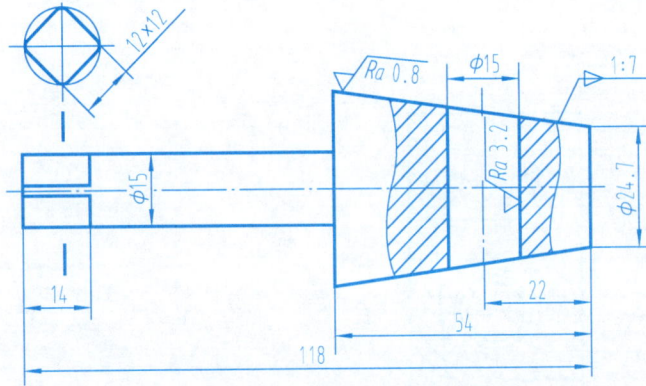

12×12

Ra 0.8   φ15   1:7

Ra 3.2

φ15

φ24.7

14

22

54

118

√ Ra 6.3 （√）

4	阀杆	1	45	
序号	零件名称	数量	材料	备注

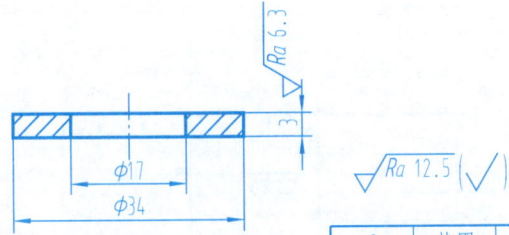

Ra 6.3

M10-6h

7

25

17

√ Ra 12.5 （√）

4	螺钉	1	Q235 - A	
序号	零件名称	数量	材料	备注

Ra 6.3

φ17

φ34

3

√ Ra 12.5 （√）

6	垫圈	1	20	
序号	零件名称	数量	材料	备注

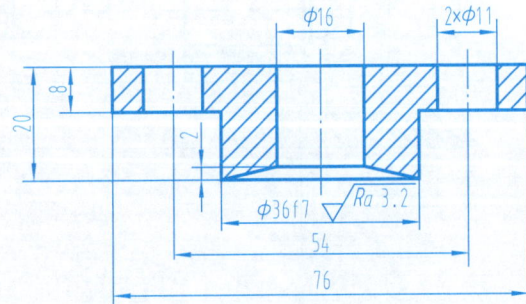

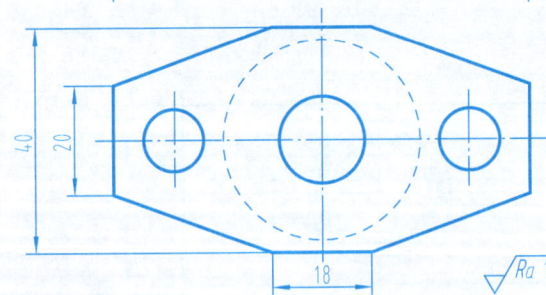

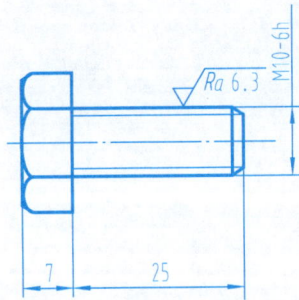

φ16   2×φ11

8

20

2

φ36f7   Ra 3.2

54

76

40

20

18

√ Ra 12.5 （√）

11	垫圈	1	Q235 - A	
序号	零件名称	数量	材料	备注

装配图	班级：	姓名：	学号：	审核：

9-2 根据千斤顶的装配示意图和零件图画装配图（一）。

画装配图

一、作业目的

1. 熟悉和掌握装配图的内容和装配图的表达方法。

2. 了解绘制装配图的方法。

二、内容与要求

1. 按教师指定的题目，根据零件图绘制1～2张装配图。

2. 图幅由教师确定。

三、注意事项（画图步骤）

1. 初步了解。根据名称和装配示意图，对装配体的功能进行粗略分析，并将其与零件图的相应序号相对照，区分一般零件和标准件，并确定其数量，分析装配图的复杂程度及大小。

2. 详读零件图。依据示意图详读零件图，进而分析装配顺序、零件之间的装配关系、连接方法，弄清传动路线、工作原理。

3. 确定表达方案，选择主视图和其他视图。

4. 合理布图。先画出各视图的作图基准线（主要装配干线、对称线等）。

5. 拟订画图顺序。画剖视图时，一般从装配干线入手，由内向外逐个画出各个零件的投影（也可酌情由外向里绘制）。

6. 注意相邻零件剖面线的画法。标注尺寸，填写技术要求，编好序号。

7. 作图后，应按装配图的内容，认真做一次全面检查和修正。

千斤顶装配示意图

5顶盖
4螺钉
3旋转杆
2起重螺杆
1底座

千斤顶工作原理

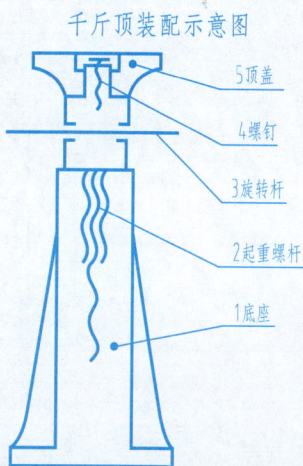

千斤顶是顶起重物的部件。使用时，须按逆时针方向转动旋转杆3，使起重螺杆2向上升起，通过顶盖5将重物顶起。

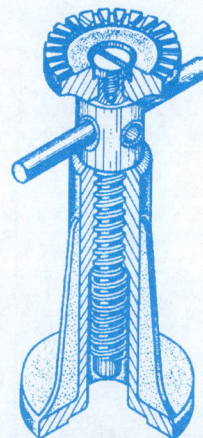

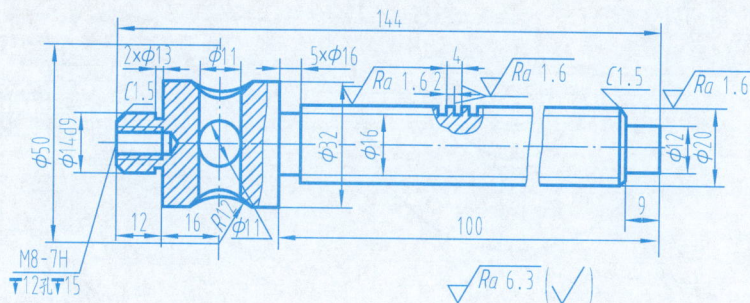

起重螺杆	比例	材料	图号
	1：2	45	2
制图			
审核			

9-2 根据千斤顶的装配示意图和零件图画装配图（二）。

顶盖	比例	材料	图号
	1:2	45	3
制图			
审核			

底座	比例	材料	图号
	1:2	HT300	4
制图			
审核			

螺钉	比例	材料	图号
	1:2	30	5
制图			
审核			

旋转杆	比例	材料	图号
	1:2	45	6
制图			
审核			

9-3 根据铣刀头的装配示意图和零件图画装配图。

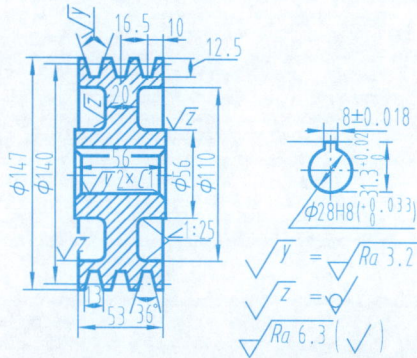

V带轮	比例	材料	图号
	1：2	HT150	
制图			
审核			

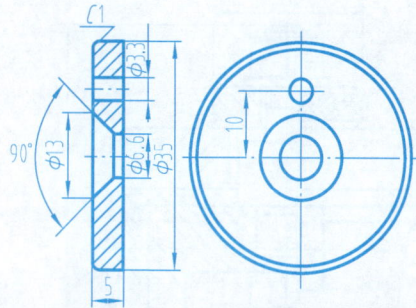

挡圈 A35	比例	材料	图号
	1：1	35	
制图			
审核			

挡圈 B32	比例	材料	图号
	1：1	35	
制图			
审核			

在教材中，铣刀头上的零件图还有：轴 7（教材图 8-6），端盖 11（教材图 8-7），座体 8（教材图 8-10）。

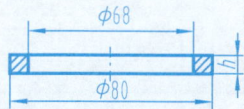

注：图中 h 根据装配时端盖与轴承之间的间隙而定。画图时，可按 $h \approx 5$ 绘制。

调整环	比例	材料	图号
	1：1	Q235-A	
制图			
审核			

铣刀头装配示意图

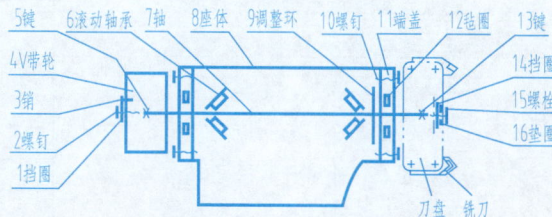

注：铣刀盘不属于该装配体。绘图时参照装配示意图，用细双点画线画出。

铣刀头中标准件明细表

序号	名称	数量	相关标准
1	挡圈 A35	1	GB/T 891—1986
2	螺钉 M6×18	1	GB/T 68—2000
3	销 3×12	1	GB/T 119.2—2000
5	键 8×7×40	1	GB/T 1096—2003
6	滚动轴承 30307	2	GB/T 297—1984
10	螺钉 M8×22	12	GB/T 70—2000
12	毡圈	2	FJ 314—1981
13	键 6×6×20	2	GB/T 1096—2003
14	挡圈 B32	1	GB/T 892—1986
15	螺栓 M6×20	1	GB/T 5781—2000
16	垫圈 6	1	GB/T 93—1987

9-4 识读钻模装配图，并拆画零件1底座的零件图。

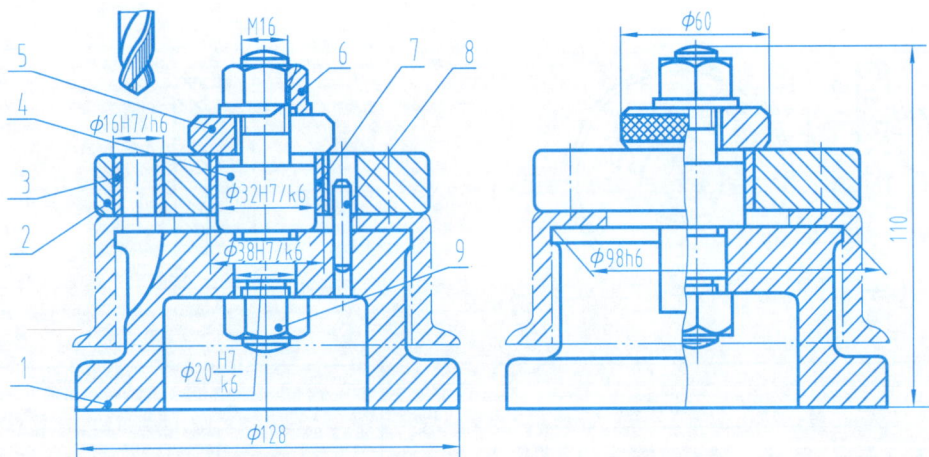

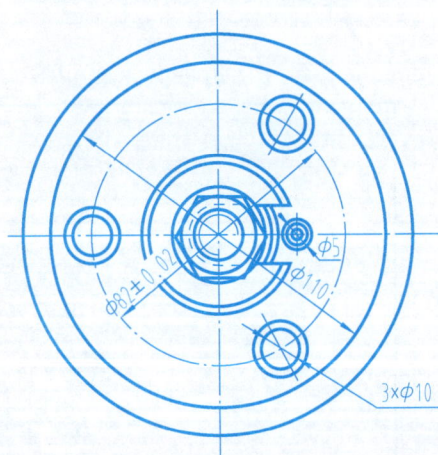

工作原理

钻模是用于加工工件（图中用双点画线所示的部分）的夹具。把工件放在件1底座上，装上件2钻模板，钻模板通过件8圆柱销定位后，再放置件5开口垫圈，并用件6特制螺母压紧。钻头通过件3钻套的内孔，准确地在工件上钻孔。

9	螺母 M16	1		GB/T 6710—2000
8	销 5m6×30	1		GB/T 119.1—2000
7	衬套	1	45	
6	特制螺母	1	35	
5	开口垫圈	1	45	
4	轴	1	45	
3	钻套	3	T8	
2	钻模板	1	45	
1	底座	1	HT150	
序号	名称	数量	材料	备注

钻模		比例	1：1	共10张	7—01
		质量		第1张	
制图					
设计					
审核					

9-5 识读换向阀的装配图，并拆画零件1阀门和零件2阀体的零件图。

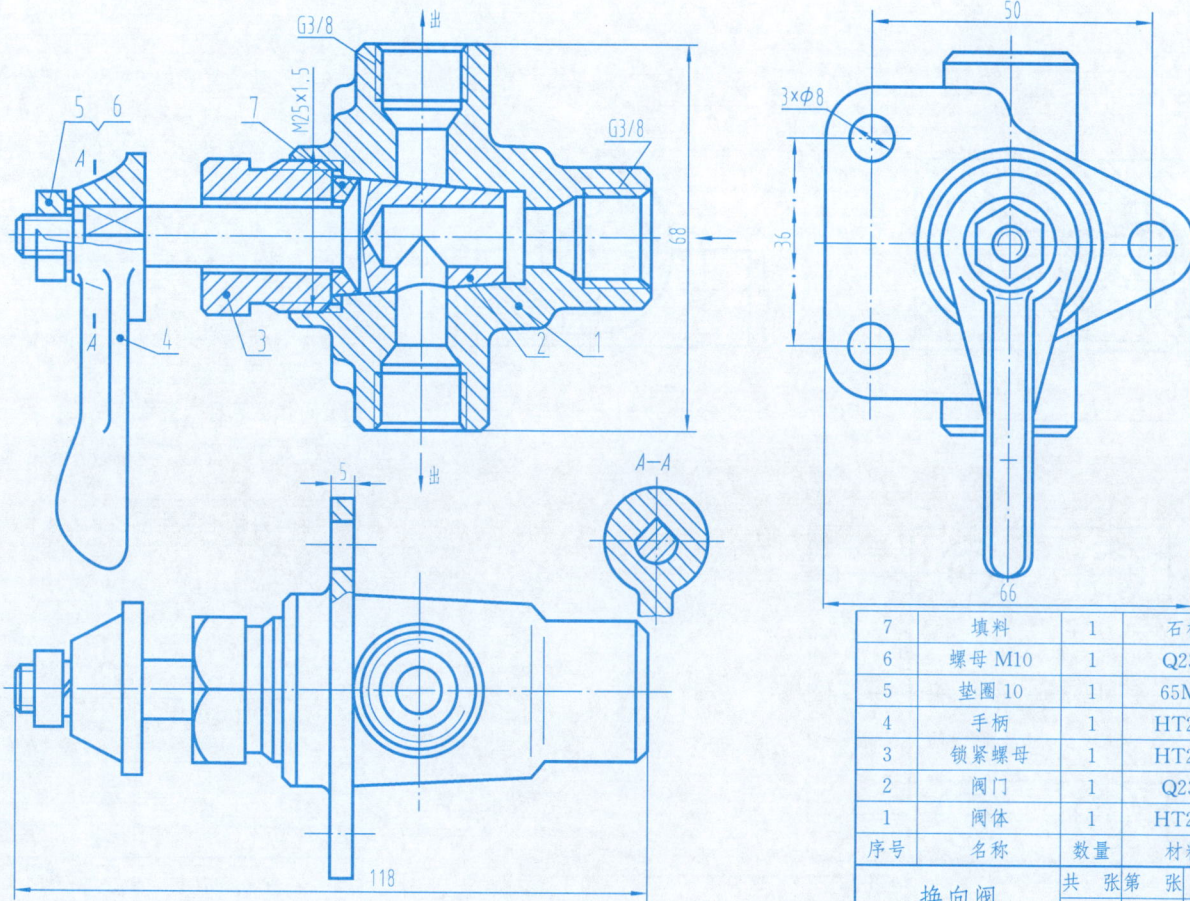

G3/8
出
M25×1.5
G3/8
5 6
7
A
A
4
3
2 1
68
出

50
3×φ8
36
66

A—A
5
118

7	填料	1	石棉	
6	螺母 M10	1	Q235	GB 6170—1986
5	垫圈 10	1	65Mn	GB 93—1987
4	手柄	1	HT200	
3	锁紧螺母	1	HT200	
2	阀门	1	Q235	
1	阀体	1	HT200	
序号	名称	数量	材料	备注

换向阀	共 张第 张	比例		1：1
	数量	1	图号	
制图				
审核				

9-6 识读单向阀的装配图，并回答问题。

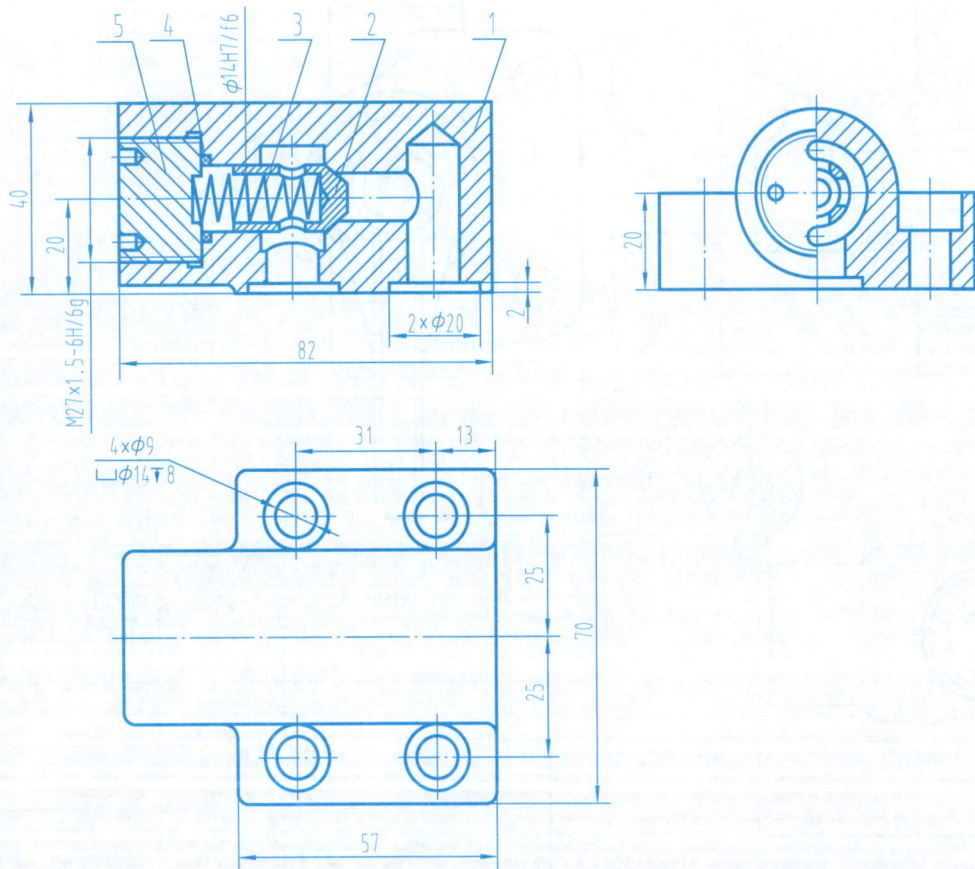

装配图

1. 工作原理

单向阀底部带沉孔的左右两孔与油路接通后，由于阀2有弹簧力的作用向右关闭阀体孔，如右孔有压力油注入，当油压超过弹簧力时，阀被推开，则油流入左空腔经左孔输出。

如果油反向流动，则油的压力与弹簧力同时使阀2压往阀体孔，使油路关闭断开。油只能单向流经该阀，故称单向阀。

螺盖5底部装有外径为 $\phi 20mm$ 的密封圈起密封作用。

2. 读图，并回答问题：

(1) 阀体2零件上径向有_____个孔？

(2) 阀2和阀体1之间（$\phi 15mm$ 处）应选择（何种性质）_____配合？

(3) 拆画阀体1零件图（草图或仪器绘图）。

5	螺盖（M26×1.5）	1	35	
4	O形密封圈	1	耐油橡胶	G51-2
3	弹簧	1	弹簧钢丝	$\phi 0.8mm$
2	阀	1	40Cr	
1	阀体	1	HT200	
序号	名称	数量	材料	备注

单向阀	比例	重量	共　张	（图　号）
			第　张	
制图				
审核				

9-7　识读减速机的装配图（一）。

9－7　识读减速机的装配图（二）。

工作原理

减速机是一种减速装置。动力从齿轮轴 22 的伸出端传入，齿轮轴带动大齿轮 15 减转，并通过键 13 将动力传递到轴 27 上，从而将主动轴的高速转动，经齿轮传动降为从动轴的低速转动，以达到减速的目的。

序号	名称	数量	材料	备注
29	调整垫片	2	08F	
28	滚动轴承 30207	2		
27	轴	1	45	
26	端盖	1	HT200	
25	可通端盖	1	HT200	
24	调整垫片	2	08F	
23	甩油环	1	Q235	
22	齿轮轴	1	38SiMnMo	
21	滚动轴承 30206	2		
20	挡油盘	2	Q235	
19	端盖	1	HT200	
18	可通端盖	1	HT200	
17	甩油环	1	Q235	
16	定距环	1	Q235	
15	齿轮	1	35SiMn	
14	键 8m6×35	2	45	GB/T 1096—2003
13	键 12×8×36	1	45	GB/T 1096—2003
12	垫圈	2	石棉橡胶纸	
11	螺塞	2	Q235	
10	螺栓 M10×40	2	Q235	GB/T 5782—2000
9	螺栓 M8×20	16	Q235	GB/T 5782—2000
8	螺栓 M6×16	4	Q235	GB/T 5782—2000
7	视孔盖	1	Q235	
6	垫片	1	石棉橡胶纸	
5	螺母 M10	8	Q235	GB/T 6170—2000
4	弹簧垫圈 10	8	65Mn	GB/T 93—1987
3	螺栓 M10×90	6	Q235	GB/T 5782—2000
2	机盖	1	HT200	
1	机体	1	HT200	

ZD10 减速机

图	比例	1:4	共 1 张
制图	重量		第 1 张
设计			
审核			

第 10 章 计 算 机 绘 图

计算机绘图	班级：	姓名：	学号：	审核：

10-1　用计算机绘制平面图形（一）。

1.

2.

3.

4.

计算机绘图	班级：	姓名：	学号：	审核：

10-1 用计算机绘制平面图形（二）。

5.

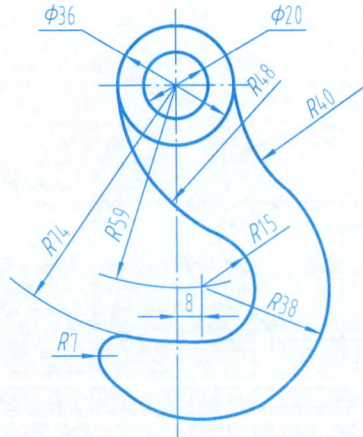

6.

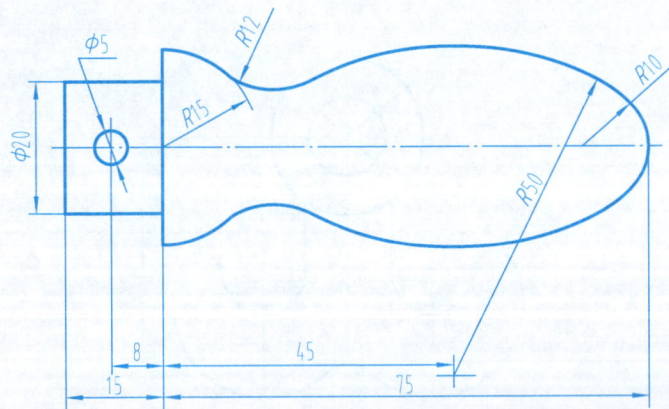

7.

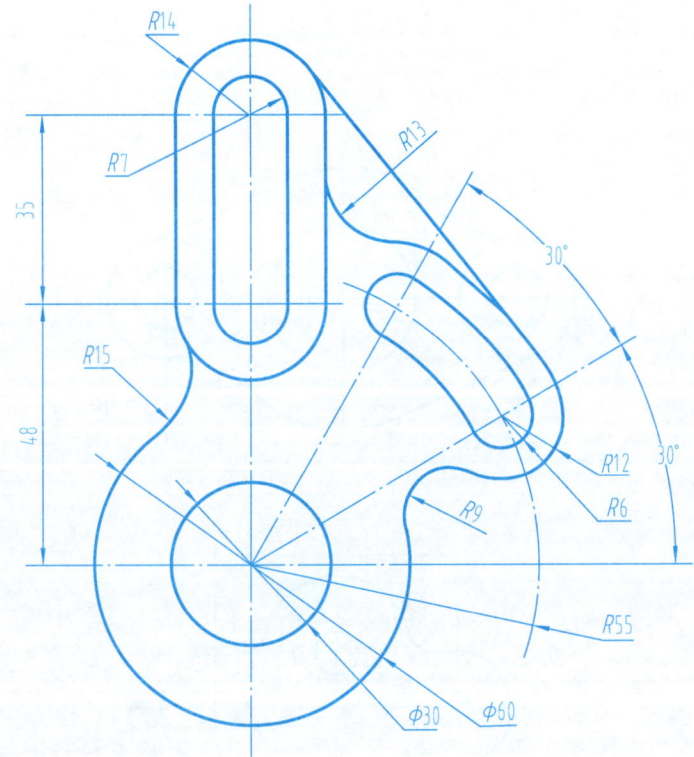

10-2 用计算机绘制三视图（一）。

1.

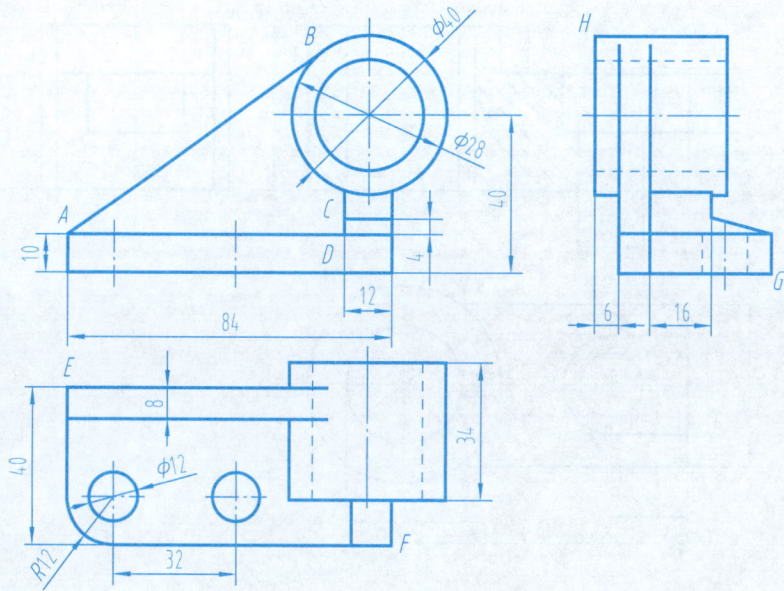

2.

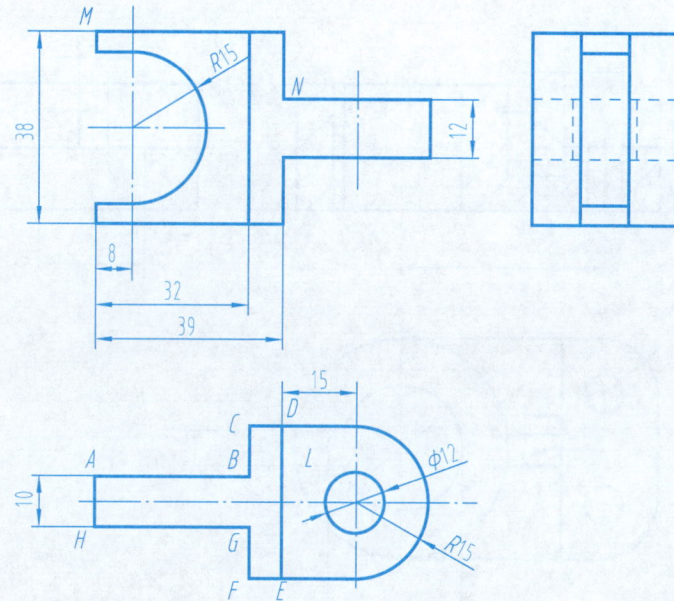

10-2 用计算机绘制三视图（二）。

3.

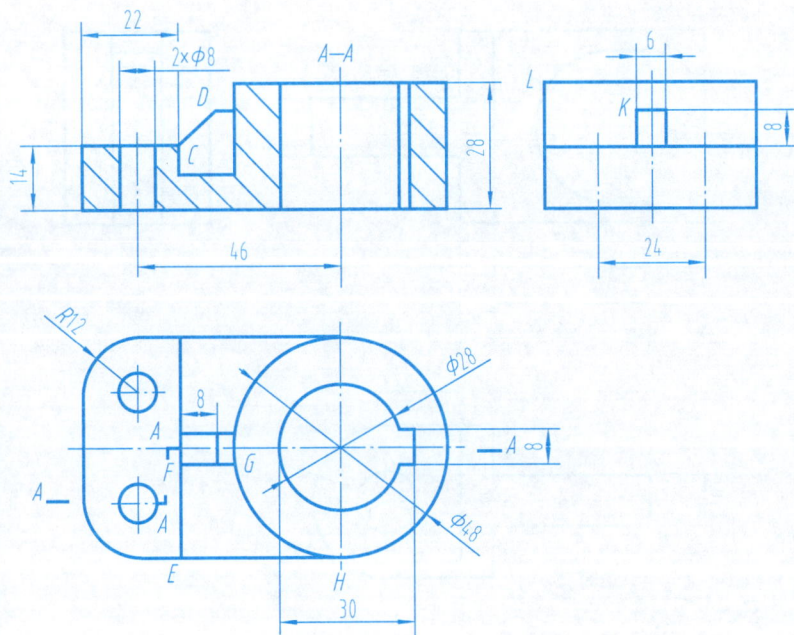

4.

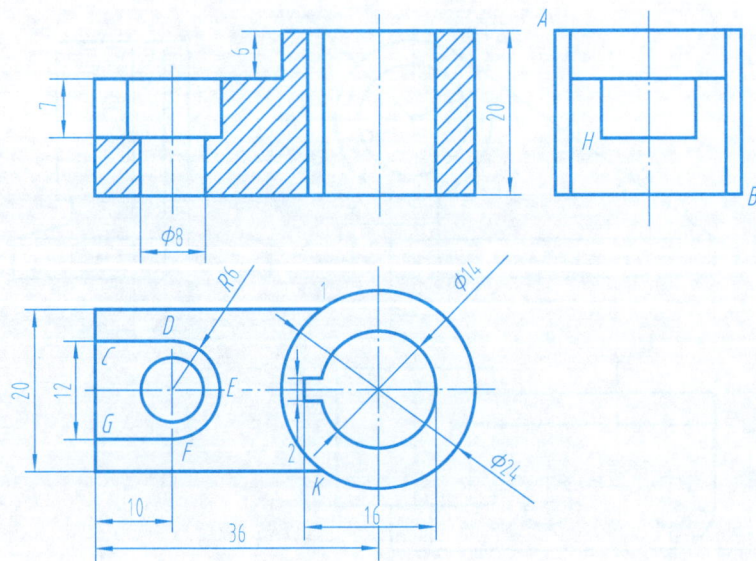

10-3 用计算机绘制零件图。

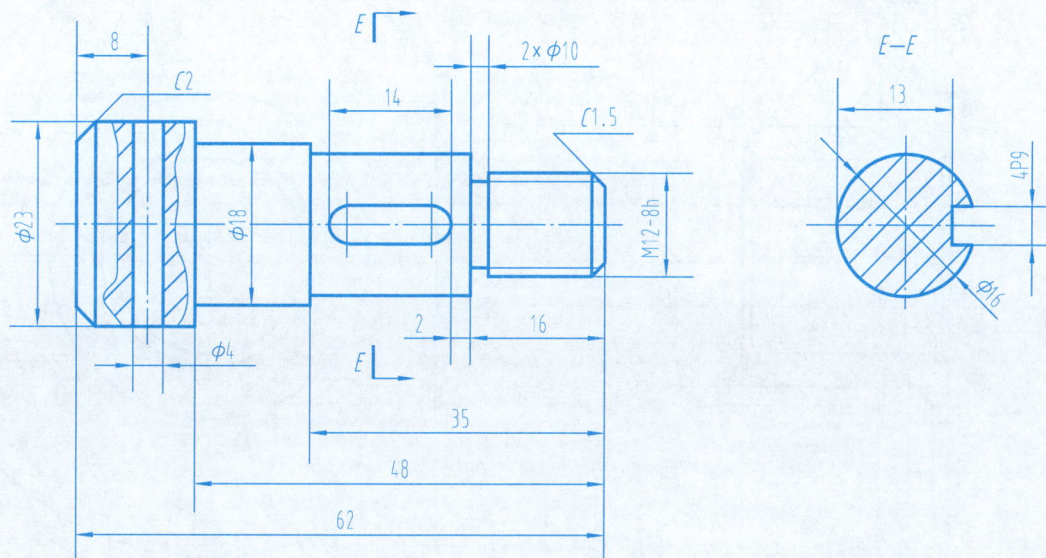

E—E

技术要求

1. 调质 220HBS。

2. 未标注圆角 R1.5mm。

10-4　用计算机绘制法兰盘零件图。

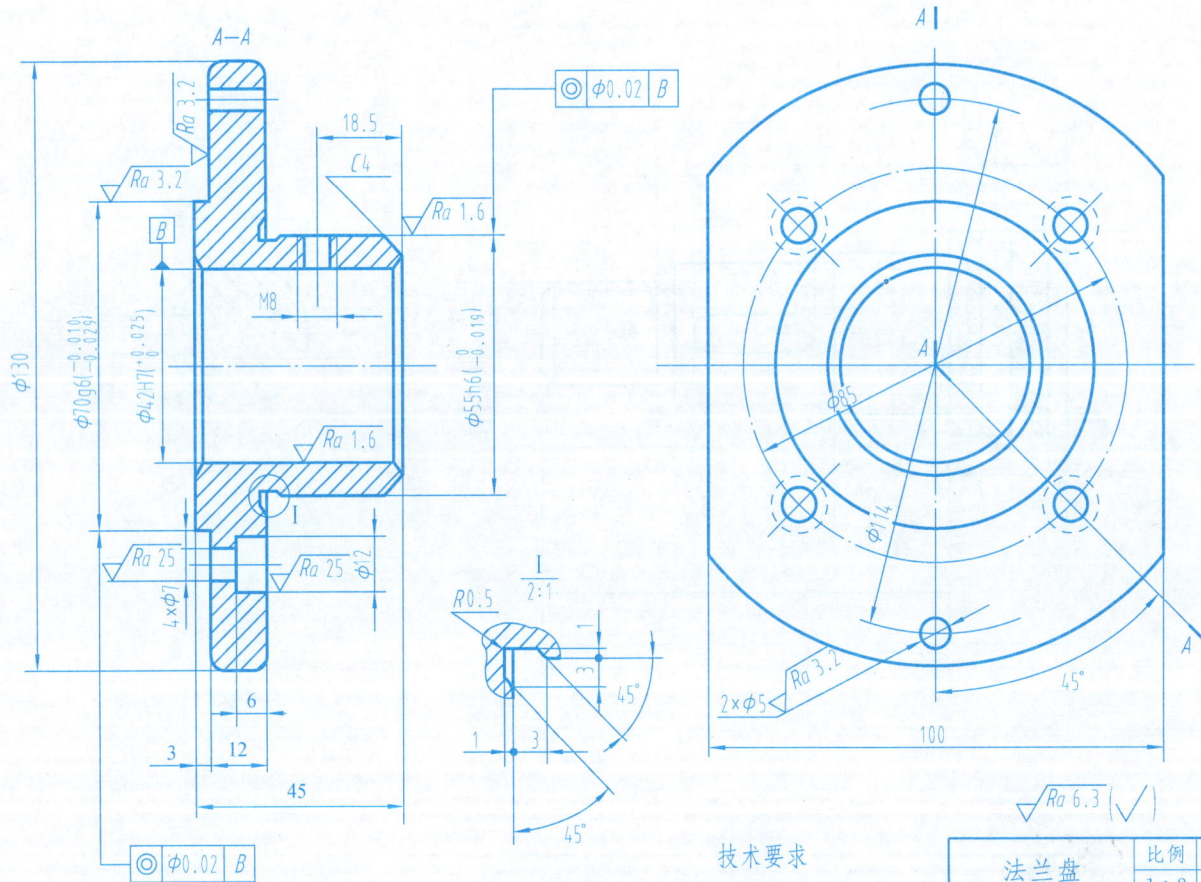

A—A

$Ra\ 3.2$

$Ra\ 3.2$

$\boxed{\odot\ \phi0.02\ B}$

18.5

$C4$

$Ra\ 1.6$

B

M8

$\phi130$

$\phi70g6(^{-0.010}_{-0.029})$

$\phi42H7(^{+0.025}_{0})$

$\phi55h6(^{0}_{-0.019})$

$Ra\ 1.6$

$Ra\ 25$

$Ra\ 25$

$\phi12$

$4\times\phi7$

$\dfrac{I}{2:1}$

$R0.5$

3

1

45°

1　3

45°

6

3　12

45

$\boxed{\odot\ \phi0.02\ B}$

A

A

$\phi85$

$\phi114$

$Ra\ 3.2$

$2\times\phi5$

45°

100

$\sqrt{Ra\ 6.3}\ (\sqrt{})$

技术要求

未注倒角C1。

法兰盘	比例	数量	材料	（图号）
	1：2	1	45	
制图			（校名）	
审核				